自己満足ではない「徹底的に聞く」技術

聽比說更重要

比「說」更有力量的高效溝通法

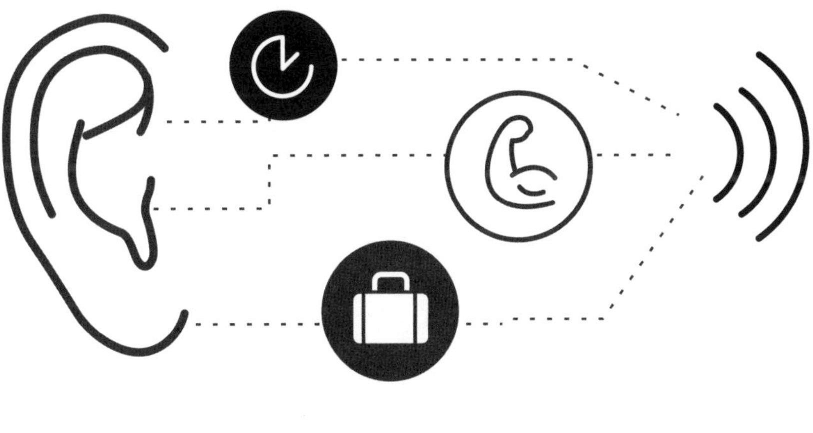

赤羽雄二 Yuji Akaba——著　周若珍——譯

目錄

CHAPTER 10

透過正向回饋提升效果

CHAPTER 13

積極聆聽後，主動關心後續發展

後記

實踐「積極聆聽」，讓好事發生！

編輯前言

少說話卻更打動人心，積極聆聽的力量！

大多數的人都認爲能言善道是溝通的完美表現，我們致力於透過後天努力來精進自己的口說能力、說話條理甚至是上台氣場；卻鮮少有人刻意練習或提升自己的「傾聽能力」，相對於外顯的說話，「傾聽」就像一個有點距離的名詞，一種隱性的溝通能力。

然而溝通的本質如同一場傳接球，是雙向、有來有往的互動，若雙方激烈地唇槍舌戰，或單方滔滔不絕地傾倒，都難以稱得上是一場好的交流。

一直以來我們都大大地忽略或低估了「聽」的重要，就如同解題一般，有時候我們錯答失分，並不是因爲我們不知道正確的答案，而是我們無法理解題目眞正想要我們回答什麼。

所有煩惱都是人際關係的煩惱，而幾乎所有人際關係的問題都是溝通的問題。當我們不瞭解對方內心的想法或是疙瘩，就無法對症回應。大多數的人對於會用心傾聽並關懷自己的人有絕對好感。人類不是能孤單存活的動物，「有人聽自己說話」這件事，遠比想像中重要，而同理傾聽正是突破衆多問題的匙鑰。

很多時候我們容易將「有在聽」誤解爲「傾聽」，可是無論「單純的聽」或是帶有敬意的「恭聽」，皆與曾在麥肯錫擔任要職十四年的赤羽雄二先生，所認爲最有力量的「積極聆聽」（Active Listening）本質上有很大的差異。

赤羽雄二先生長期致力於企業的經營與管理改革，他發現現代人非常容易下意識地忽視他人的傾訴，急於表達自己。其中很多時候，我們甚至是因爲太想解決問題、迫切想展現能力與善意，反而忽視傾聽的重要性。

但無論在什麼樣的場景、面對各種類型的對象，在對話過程中，我們無非都是想透過溝通來達成目的、創造雙贏。可是在過度注重表達，忽略傾聽的狀況下，我們的語氣、表情乃至肢體動作，都會將我們的狀態表露無遺。

因此表面上的聽，會將我們的意興闌珊、心不在焉或是不耐煩，無一不漏地傳遞給對方。這樣的回應，不僅無法根除矛盾，反而容易將對方與機會遠遠拒之門外。

還記得我們小時候聽過的寓言故事〈北風與太陽〉嗎？說話與傾聽就像是這樣的一體兩面。自信表達如同北風一般，在第一時間明快地建立我們在別人心中的形象，雖然一下子很容易吸引眾人的目光，但如若使用不當，在不明就裡下大張旗鼓，恐怕只會弄巧成拙，難以達成目的。然而同理傾聽卻像是故事中的太陽，儘管第一時間不像說話如此大鳴大放，卻因爲站在對方的角度思考，用對方法自然事半功倍。

再舉一些更貼身的例子，你是否有過跟某個人對談時感到備受尊重與安心，不知不覺將原本不知道該不該講的話，通通和盤托出。或是在生活中、職場上遇到困境，就會想向某個人傾訴，奇妙的是，往往跟對方談完後，就會覺得豁然開朗，甚至是醍醐灌頂呢？

其實這都是對方有「積極聆聽」的緣故，對方並不只是「單純的聽」，而是在聽的過程中適切回應、溫和提問，使我們覺得自己被在意、被同理。在這過程中，我們也跟著對方的引領，將自己的邏輯重新梳理，因此更能找出困擾著我們的問題核心，一旦突破盲點，就不難找到適切的解決方案。

所以相較於一開始強而有力的說話，能夠溫暖人心找到關鍵的聆聽，更是溝通的最強武器。

前言

「積極聆聽」可以解決所有煩惱

為什麼事情總是不順利？

最近，你是否愈來愈常感到煩躁？

相信有不少讀者都曾覺得工作不如預期順利、上司胡亂安排、下屬不聽指示，回到家又有家裡的事要煩惱，因此打從心底希望種種狀況都能有所改善吧？

主管總是做出無理的要求、下屬動不動就不高興、業者永遠只挑對自己有利的部分講。好不容易下班回到家裡，家中卻一片狼藉，甚至還有很多問題等著你要處理，一想到壓力就瀕臨極限，生活幾乎沒有可以喘息的空間。

倘若你曾對上述狀況感同身受，那麼請千萬別錯過本書。本書將介紹一種可**消除大部分壓力——而且是在幾個小時內就能將壓力減半的全新方法**。

只要持續付出少許的努力，七成以上的問題或許就能迎刃而解。

假如你自認是「不想花力氣努力、三分鐘熱度」的人，那麼我更是推薦本書。因爲，只要你願意開始嘗試，便能體驗像泡溫泉一樣身心舒暢、神清氣爽的感受。

請給我五分鐘。

無論公事私事，其實所有的問題、煩惱及壓力，**幾乎全肇因於我們待人的態度**。

「聽」比「說」更重要

人跟人的相處，絕大數都是透過溝通，比起「說」，其實「聽」更重要。但你有發現嗎？大多時候我們根本沒辦法好好聽對方把想說的話說完。即使心裡很清楚自己必須聽完、應該聽完，我們卻經常忍不住打岔。在對方用心、認眞地訴說，或好不容易願意開口的時刻，儘管並非有意，但我們卻總是殘酷地打斷對方。

如此一來，對方便很難願意再次與我們對話。在這一瞬間，我們就等於喪失了原本可以獲得重要資訊，或了解生性內向的對方心中最眞實的想法的機會。尤有甚者，對方可能從此再也不想主動和我們說話。

人們之所以無法好好聽別人說話，有幾個原因：

首先是**自己也有話想說，因此無法專心聽對方說話**，一心想趕快表達自己的意見，於是即使知道對方還沒說完，還是會忍不住插話。

其次是**因為看不起對方**，沒把對方放在眼裡，當然也沒興趣聽對方說話，更打從一開始就認定對方說的話絕對毫無價值。

最後則是**因為本來就討厭對方，根本不想聽對方說話**。例如對方曾經欺負你或排擠你，導致你不知道該如何與對方相處。

上述的例子，都不是在聽人說話時理想的態度，卻也是許多人經常遇到的問題。

反過來說，無論工作本身難度多高，只要有人願意協助、一起攜手挑戰，通常都有辦法克服難關。

只要實踐積極聆聽，在面對工作上所接觸的對象時，便能尊重對方的智慧、善用對方的經驗、引起對方的興趣，讓對方產生參與協助這份工作的動機。

如此一來，大部分的問題便能獲得解決。

在私生活中也是一樣。夫妻、情侶、朋友或同好之間，常因一些小事意見相左而起爭執。儘管雙方都毫無惡意，或明明彼此都很喜歡對方，卻總是莫名其妙地發生衝突。

只要實踐積極聆聽，便不會打斷對方，認真聽完對方所說的話，而對方也會願意一五一十地道出心中的想法。在絕大部分的狀況中，對方一定不是主動想吵架，只是想傾吐自己的委屈罷了。在積極聆聽的過程中，對方也會發現自己的想法有被好好地聽見，沒有遭到否定，心情也會跟著穩定下來。

解開惡性循環，大幅改善關係

每個人身邊應該都有一、兩個令自己感到頭疼的人；假如對方不巧是同事或家人，就更容易使人心情鬱悶。

有時儘管自己沒有一絲敵意，卻不管說什麼都會被對方取笑或挑毛病；這種時候，人們通常會想反駁或逃開。不過，**若能選擇面對並實踐積極聆聽，彼此的關係便有可能大幅好轉**。

其實對方原本也沒有惡意，而且大部分的狀況，都只是因爲雙方意見不同或溝通不良，才會造成這種惡性循環。

積極聆聽可以讓對方明白我們願意聽的眞心，也不會否定對方，進而使對方安心。如此一來，對方便會收起討厭的模樣，展露出友善的一面。

當然，有些狀況無法只靠一、兩次積極聆聽就出現明顯的轉變，但只要不氣餒，持續實踐，大多數的狀況都能大幅改善。

保持對他人的高度興趣

只做表面工夫，是無法落實積極聆聽的。就算你假裝認眞聽，也會立刻露出馬腳——因爲對方當場就能察覺你並非出自眞心。

這一點確實相當不可思議，人的臉上有多條顏面表情肌，但我們並無法完全控制這些肌肉；而我們講話的聲調也是一樣，會在不知不覺間透露出自己對目前的談話是否眞的感興趣。

因此，保持對他人的高度興趣是絕對必要的；而唯一的辦法，就是打從心底關心對方。**只要對人抱有高度興趣，就會想了解對方更多；在認真、仔細聽對方說話的時候，心中自然會浮現種種提問**，對方也會因此感到高興。

話雖如此，我相信世上確實有些人不值得我們關注。遇到這種情況時，若能拋開你的好惡，轉而思索「這個人在想些什麼？做些什麼？他的行爲舉止，根據的是什麼樣的價值觀或判斷基準？」並試著去理解，便多少能產生一些興趣。

假設你是文組出身，對方則是理科專業背景，並且很討厭與人接觸的工程師。即使彼此領域不同，以往也不曾有交流，依然可以將對方視爲一個「觀察對象」，觀察他爲什麼會這麼不喜歡跟大家相處、爲什麼會做出這種行爲……若能**出於好奇心，而非自身的好惡來看待**，相信就會有截然不同的結果。

只要將對方視爲一個「試圖理解的對象」，就算無法發自內心「抱持高度興趣」，也可以從其他面向出發充分展現關心，非常值得一試。

多關注對方，漸進引導為雙向溝通

積極聆聽最大的敵人，莫過於「想說話」的衝動。

積極聆聽的第一步，就是聽對方說話，而且必須仔細聽到最後；若是自己一直說話，對事情是毫無助益的。

我本身話不多，因此老實說，我不太能理解「想說話」的衝動，我還曾經因此擔心自己是否欠缺某種身爲人應有的特質。

我經常擔任各大企業的顧問、發表演講，因此在工作上，我確實有許多該講、想講的東西；然而那與自己主動「想說話」完全是兩碼子事。

我知道「許多人很喜歡說話」，生活中也常見到這一類的人，因此我大致有個模糊的概念。但是，我們該如何壓抑這種「想說話」的衝動呢？

「想說話」背後隱藏的意義，不外乎是「想要對方聽自己說話」、「想分享自己今天遇到的事情」、「想要對方注意自己」，或是「想要對方理解自己的心情」、「想一吐心中的煩悶」等等。

這些情緒固然重要，但再怎麼說，都是以自我爲中心，單方面抒發、整理自己情緒的行爲。

說穿了，也就是**不關心對方，只顧著說自己想說的話**而已。當然，假如對方可以完全接受，便沒有任何問題，這是最理想的情況。

然而，實際上大部分的狀況是：明明對方也有話想說，但從頭到尾卻都是話比較多的那一方滔滔不絕，而另一方只能一直忍耐。即使不到「忍耐」的地步，對方的心情可能也是「既然你這麼愛講，就讓你講個夠吧」。

溝通就像傳接球，應該是雙向的；從這個角度來看，上述狀況便是個大問題。因爲那看起來並不是雙方互相傳接球，而只是一方不斷地將球扔向另一方。這種人總是以自我爲中心，不太關心對方。

本書將回到溝通的原點，探討**如何仔細聽面前的人說話、如何更進一步理解對方，以及如何將結果加以延伸擴展**，而非只是單方面說個不停。

許多人都希望學會多聽別人說話，例如煩惱下屬不跟自己溝通的主管，或是擔心孩子不向自己傾訴的父母，其實都很常見，我也很常提供諮詢。

然而從旁觀察後，我發現他們其實並沒有眞正關心下屬或孩子，一直以來都只是單方面一股腦地說自己想說的話而已。這樣一來，下屬和孩子當然不可能願意開口。

問題是可以解決的。

只要抱持高度的興趣，認真聽對方說、認真提出問題，將溝通視為一種難得的機會，一定能順利將心態調整為「想聽對方說，勝過自己說」。

從這個角度來看，許多人或許正是因爲輕視對方、不在乎對方的時間，才會總是有「想說話」的衝動吧。

CHAPTER 1

積極聆聽的實例

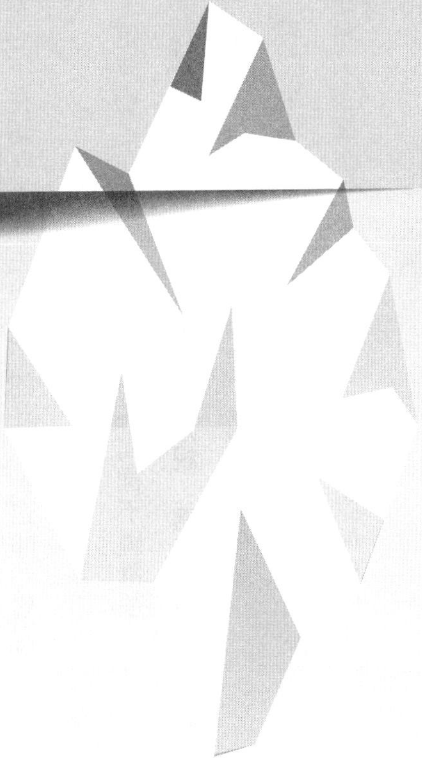

每日三十分鐘積極聆聽，挽救親密關係

從事服務業的A先生，工作非常忙碌，每天都超過十點才回家。當他回到家時，妻子和年幼的孩子往往已經入睡，因此他幾乎沒有機會和他們打照面。唯一能和家人相處的時間只有早上，然而即使一起吃早餐，他也必須抱著電腦回信、處理公事，根本心不在焉。A先生與妻子的互動，也開始變得有些不自然。

經過我的建議，A先生下定決心，在三十分鐘的早餐時間裡不碰電腦，只專心聽妻子說話。他徹底執行積極聆聽，也就是**仔細聽對方說**、**適時應和**、**持續對話**。驚人的是，僅僅過了幾天，妻子的態度就出現了極大的變化。

她的臉上開始出現笑容，看起來心滿意足，更對他在工作上的辛勞表示體諒。而他所做的，只不過是每天多撥出三十分鐘與妻子相處，認眞聽她說話而已。

我想最驚訝的應該是A先生本人吧，自從小孩出生後，他便一直煩惱著該如何與妻子好好溝通。他想和妻子好好說話，但每次下班回到家時妻子已經睡下，早上他又忙著回信，因此兩人總是找不到交集。

態度專注固然也是重要原因之一，但光是調整三十分鐘早餐時間的運用方式，就能讓妻子的心情變得這麼好，著實使他嚇了一跳。

我想，他的妻子應該一直很清楚他的工作十分辛苦，只是他實在太重視工作了，因此覺得自己受到冷落吧。從此，A先生的妻子也更願意對他在工作上的辛勞表示體諒。

他親身體驗了積極聆聽的重要性與效果，於是一直持續實踐。

透過積極聆聽撫慰陪伴憂鬱的心

從事服務業的B小姐，曾多次透過電話與一位有憂鬱症前兆的職場後輩長談，協助對方釐清煩惱，慢慢找回積極正向的態度。儘管在長談中她也曾覺得對方的想法有時太過偏頗，卻從來沒說出口，只是徹底實踐積極聆聽。

雖然對方總是一股腦地自說自話，但B小姐完全沒有否定對方，只是持續地聽。於是，不知不覺中，對方竟漸漸變得開朗、有幹勁，最後重新振作起來。這位後輩的表情和語調都出現了戲劇性的轉變，遠比以往活潑有朝氣。

原本對積極聆聽半信半疑的她，看見這個出乎意料的成果之後，便開始更徹底地持續實踐。

與不苟言笑的前輩建立信賴關係

在醫療機構服務的C先生，職場裡有個長他十歲、難以親近的女性前輩。透過持續認真地聽對方說話，他順利與對方建立了信賴關係。

前輩精明幹練，業務繁忙，平時大家幾乎不敢找她攀談。然而透過實踐積極聆聽，完全認真聽對方說話，C先生終於突破了對方的心防。

他表示，當對方發問時，他只簡短地回答，盡量把重點放在專心聽對方說，避免打斷對方說話的節奏。

雙方建立起信賴關係後，前輩不但經常來找他商量公事，甚至連私人的事情都願意告訴他。對照過去連向她攀談都不敢的情形，簡直有天壤之別。

而當他有事情必須臨時拜託對方幫忙時，她也欣然答應。

親眼見證了積極聆聽帶來的劇烈轉變後，C先生至今仍持續實踐著積極聆聽。

加深彼此連結，促進親子關係

Ｄ女士和母親住得很近，母女感情非常好；只不過，每次和母親說話時，Ｄ女士總是喜歡打斷母親的話。根據她的說法，她只是怕如果等到最後，可能會忘記自己本來想講什麼，所以才想到什麼就立刻說出來。

我告訴她積極聆聽的概念後，她似乎有所領悟，於是立刻付諸實行。當然，效果十分卓著。

Ｄ女士七十多歲的母親原本並不多話，如今卻能侃侃而談。以前聊到某個程度，母親總會表示自己想睡了，要她回家，現在卻仍能精神奕奕、笑咪咪地繼續跟她聊天。

她表示：「我現在才知道自己以前打斷了母親多少話」、「我以後一定會把她的話聽完，再也不會打斷她」。

CHAPTER 2

善用積極聆聽 改善人際關係

緩解彼此疙瘩，找回信任

有時候，別人可能會因爲某些緣故而對我們不諒解，或心中產生疙瘩。即使我們沒有惡意，事情往往也只是因爲一連串的陰錯陽差而演變至此，因此就算想預防也無從預防起。話雖如此，倘若置之不理，不但令人介懷，更會影響自己的心情。

解決這個問題的辦法，就是積極聆聽。

只要實踐積極聆聽，對方便能愉快地與我們對談。只要能愉快地談話，即使心中有疙瘩，也能慢慢化解。有些問題或許無法單靠一次談話就解決，但透過積極聆聽，雙方的心結與罣礙將會逐漸消失，也會愈來愈信任彼此。即使對方對我們的評價會是「這個人怎麼這樣？」也可能會開始改觀，覺得「原來這個人還不錯」。

光是好好聽對方說話，雙方的關係就會好轉，甚至找回曾經失去的信任

感——聽起來很奇妙吧？這是因爲，**大部分的不愉快，都不是出自惡意或敵意，而是想法上的些許落差或誤會所造成的**。

即使對方一開始態度不積極，只要每次見面都實踐積極聆聽，等時機成熟，就會出現變化，對方的疑心也會一瞬間消失。積極聆聽的力量就是如此驚人。

最重要的是，絕對不可以認爲對方「好討厭喔，一直講個不停」。假如你認爲只要臉上掛著笑容，就算在內心深處這麼想，對方也不會發現——那麼對方一定會察覺。

如同先前說的，人無法百分之百地控制自己的表情、聲音及視線，因此幾乎不可能完全隱藏內心的想法。既然終會露餡，建議各位一開始就不要做無謂的嘗試爲佳。

萬一不自覺地出現「好討厭喔，一直講個不停」的想法，該怎麼辦呢？這個時候，請把自己當成一個「人類研究學者」，觀察對方，分析「**這個人爲什麼會這樣呢？**」、「**他爲什麼會散發出這麼討人厭的氛圍呢？**」

若以客觀的角度分析，便能某種程度減少自己的好惡。想改善人際關係、找回失去的信任感，關鍵就在於：

1. 下定決心，勢必要尋回失去的信任感。
2. 認真且完整地聽對方說話。
3. 即使對方的反應不佳，也要繼續反覆認真且完整地聽對方說話，不輕言放棄。
4. 必須自我反省：彼此的溝通障礙，是雙方過去種種行為所導致的結果。
5. 持續實踐，直到對方出現中性的反應。
6. 每天寫下對方所關心的事物，並持續一段時間。
7. 不要過度強迫自己，盡量以平常心持續下去。
8. 對方一定會在某個時間點開始願意敞開心胸，不妨在過程中適時向對方表達感謝，並繼續實踐積極聆聽

有些人也許會覺得上述內容看起來很困難，但只要反覆練習，抓到訣竅後，其實並不如想像中費心。

在此也向大家介紹「Ａ４筆記術」，在後續的章節中，我也會鼓勵大家使用這個技巧來幫助釐清內心的想法。Ａ４筆記術目前全球已有超過數十萬名見證者，只要每天寫十到二十張簡單的筆記，且每張都在一分鐘之內完成，便能消除心中的各種疑慮，思考也會變得更順暢。

- 將一張Ａ４紙橫放。
- 在左上角寫下主題，右上角寫下日期。每張撰寫四到六行的內容，每行約二十個字（若以英文撰寫，則每行十至十五個單字）。
- 每天寫十至二十張左右。
- 腦中一浮現什麼想法，就立刻寫下。
- 每張一定要在一分鐘內寫完。
- 只要有新想法，就可以再筆記一次，類似的主題可以反覆進行多次。

理解對方，放下並放過自己

積極聆聽能加深我們對他人的理解，原先對方不太與我們分享的事情，在實踐積極聆聽之後，卻能侃侃而談。對方會吐露眞心話，而我們也能藉此掌握對方的好惡及其理由。許多從未提起的事情，例如幼時的創傷、成長歷程等，對方也將娓娓道出。

當然，對方也可能會出於信任，而告訴我們平常不會說出口的事情——感覺就像是心情太好而不小心透露太多。遇到這種狀況時，還請特別留意，必須有意識地表現出自己口風很緊、值得信賴，否則反而會不小心辜負對方的信任。

在對方願意傾吐、我們也更了解對方之後，一開始心中對對方的偏見或不滿也會跟著逐漸消失。因爲**絕大部分的憤怒，都是源自於理解不足、意見相左、彼此有誤解或時機不巧等因素。**

一般而言，憤怒的情緒通常是在我們感到疑惑不解，想質問「爲什麼會這樣？」的時候產生的。

然而，假如我們抱著自然的態度實踐積極聆聽，對方就會吐露出平常不願說出口的眞相。如此一來，彼此心裡的疙瘩也能得以化解，怒氣也隨之煙消雲散。這正是最理想的狀況。

想更加理解對方、消除心中的怒氣的訣竅就在於：

1. 明白自己對他人的怒氣，大多是源自理解不足。
2. 暫時放下憤怒或厭惡，專心聽對方說話。
3. 在聽的過程中，若有難以理解或跳太快的地方，立刻提出問題，不必顧慮太多。
4. 無須對對方的發言過度反應，而應該思考對方的價值觀為何。
5. 在難以接受的情況下，不妨假裝自己是人類研究專家，帶著關心與好奇心進行觀察。

6. 想像自己站在超然客觀的立場，洞察對方與自己的對談。

也就是在聽對方說話或實踐積極聆聽時，必須暫時拋開對對方的偏見與情緒，先儘量讓自己處在中立的狀態下開啟與對方的交流。在積極聆聽後也許你會發現，事情並沒有自己想得這麼糟糕。或許對方根本不是有意冒犯，而耿耿於懷的你，反而是拿他人的無心之過來懲罰自己。

因此就當作是讓自己的狀態更舒服，也請先放下對對方的不滿，試著使用積極聆聽與對方聊聊看，也許以後就能將這個不愉快的誤會解開。

親密關係發展得更順利

積極聆聽對親密關係的發展有極大的助益，無論在工作場合或私人生活皆是。因應著彼此個性的不同，雙方的理解也會出現很大的差異。

本節的標題雖是「親密關係」，但廣義來說，亦可解釋爲「包括LGBTQ+在內的所有戀愛關係」。這裡的「偏男性的行爲舉止」及「偏女性的行爲舉止」，都只是普遍性與相對性的特徵。換言之，也就是從兩者的角度來觀察，但以每個獨立個體而言，無論性別皆因人而異。

首先，讓我們看看由男性進行積極聆聽的例子。男性對女性實踐積極聆聽，效果極爲卓著，這是因爲許多女性的心理狀態多爲：

「希望對方聽自己抒發。」
「想多說一些關於自己的事情。」
「希望對方能聽自己說話，並告訴自己『你這樣很好』。」
「希望對方理解自己。」

儘管男性也有這樣的心情，但女性往往比男性來得強烈。當然，每個人的個性都不同，但無論如何，最重要的都是想積極傾聽對方的心。

男性經常因爲疏於理解對方當下的心情而做出不洽當的舉止，導致彼此後續的對談氣氛變得尷尬；甚至有些男性打從一開始，對談的態度就很冷淡。更糟的狀況是，當女性想要多說一些、希望對方認眞聽的時候，男性的心中卻湧現：

「怎麼還沒講完啊……」

「到底想說什麼……」

「講來講去都一樣……」

「所以結論到底是什麼？」

「到底想要我怎樣？」

這些想法瞬間就會被對方識破，而對方的心情也會立刻變差。對方的不悅當然也會再投射到這位釋放不耐煩訊號的男性身上，最終導致彼此的怒火相互加乘，越演越烈。

此時，倘若男性回話時的口氣不佳或態度敷衍，事態將一發不可收拾。到了這種地步，唯一能做的就是靜待暴風平息。上述內容，相信絕大部分的男性都經歷過吧（當然也有性別對調的狀況）。

避免爭執唯一的方法，就是**認真**、**專注**、**完整地聽對方說話**。是的，就是如此單純明快。當男性認真、完整地聽完女性想說的話，女性會感受到：

「對方在意我的感受」

「對方正在嘗試理解我的心情。」

「我是受到重視的。」

當被認眞傾聽後，對方會自然放鬆並覺得安心，情緒也會冷靜下來。男性當然也會有一樣的體驗，不過對女性來說，被認眞傾聽後的效果通常比較顯著。對方在敍述時，即使偏離主題、內容難以理解，也請不要打斷對方的話，直接提問，而是繼續聽下去即可。此時建議可以說：

「原來如此！」

「原來是因為這樣啊～」

「辛苦你了！」

「我懂。」

「你一直都很努力！」

「真的很謝謝你！」

假使雙方都習慣理性思考，在對談中提出的質疑，也許不會有什麼問題，但在對方感性傾訴的這種狀況下，即使你沒有任何意圖，你的提問都可能被對方視爲攻擊、批評或責難。

更重要的是，即使以男性角度看來不合邏輯，也請千萬不要試圖向對方確認或糾正對方。另一個需要注意的地方是，雖然對方想找你商量，但請不要在第一時間指責或是對對方指手畫腳「這樣做比較好」、「應該這樣做」。

當雙方是工作上的關係，彼此理性思考時，這麼做或許顯得更明快簡潔，若沒提出意見，反而還會被認爲不可靠；但親密關係卻不一樣。

「我只是希望你聽我說……」

「不要覺得我什麼都不懂！」

「我根本還沒講完，不要隨便對我下指導棋！」

在對方還沒說完以前，輕率地提出意見只會讓對方有不好的觀感，即使你是出於善意，卻也毫無好處。造成這個落差的原因在於——**有時候對方只是想抒發，希望對方好好傾聽安慰自己罷了，最主要其實只是希望獲得共鳴。**

然而，由於表面上感覺起來與「找人商量」極爲類似，因此不少男性往往會以爲對方是來找自己商議解決方案，因此必須提供建議。而這個歧異正是雙方產生誤會的開端（當然，假若女性能開門見山地說清楚「我只是希望你聽我說而已」，也能避免誤會）。

面對女性時，只要男性認眞、完整地聽對方說話，對方就會冷靜下來，也比較不會感到不安。當對方明顯平靜下來後，爲了加深理解，這時便可一邊聽，一邊「適時」提出問題。不過請記得，發問時**必須溫和客氣，並且站在對方的立場想**。

有時意氣相投的男性之間，可以接受稍微帶有攻擊性或挑戰意味的問題，但面對女性時請務必避免，這麼做只會令女性不解並感到被冒犯而已。

我經常被男性朋友問到，對女性實踐積極聆聽之後，對方會不會就一直說個不停呢？這一點請不用擔心。

男性之所以會對女性有「總是滔滔不絕」的誤解，最大的理由就是因爲男性沒有認眞、完整地聽她們說話。**正因為你沒有好好聽、沒有好好理解，對方才會一次又一次地反覆訴說**。

對女性實踐積極聆聽，讓對方知道你願意認眞地聽完她想表達的內容，並在聆聽的過程中理解對方的狀況、感同身受，對方體會到你正面的回應，自然也不用叨叨絮絮地說個不停了。

接著讓我們來互換一下角色，當女性對男性實踐積極聆聽，效果當然也很棒。只是有些男性天生不喜歡說話，若遇到這樣的對象，效果可能有限。

以我為例，在工作以外的場合，我絕對稱不上喜歡說話。因此，無論面對多麼誠心誠意的積極聆聽，我都不會想說太多；因為「吐露自己的心情」並不會特別令我感到快樂。說得極端一點，即使一整天不和任何人講到一句話，我也不以為意。

當然，世上也有許多男性話匣子一開就停不下來、希望對方聽自己抒發、渴望受到關心。假如你的重要他人屬於這種類型，請務必實踐積極聆聽，對建立良好關係必定有所助益。

想透過積極聆聽增進親密關係，建議各位留意以下：

男性對女性

1. 無論如何，請好好地、認真地、專注地、完整地聽對方說話。
2. 在聽的過程中絕不能感到不耐煩。
3. 請專心聽，絕不能以為不會被發現，就分心想其他的事情。
4. 即使形式類似「商量」，但對方也許是想抒發而已，請專心聽即可。
5. 即使覺得內容離題或不合邏輯，也不要立刻確認或糾正。
6. 最大的原則就是完全尊重對方，絕不可質疑對方。
7. 不用擔心對方講太久，對方並不會隨時講個不停。

女性對男性

1. 即使對方不太願意說，也無須介意。
2. 遇到非常喜歡說話的男性時，可適度斟酌。
3. 請慎選實踐積極聆聽的對象，以免招致誤會。

4. 若能提出比面對同性時更具體的問題，對方會比較開心。

實踐積極聆聽後，對方將會變得更有活力。正如同當花草快要枯萎時，只要澆水，它們就會立刻恢復生氣。積極聆聽具有速效性，尤其是對無精打采、缺乏自信，或是歷經許多艱辛的人而言，效果更是顯著。

我最大的感想就是：**人類絕不是能孤單存活的動物，「有人聽自己說話」這件事，其實遠比想像中重要。**

無論一個人表面上看起來多麼不喜歡與人接觸、多麼冷漠，或總是擺出一副想吵架的態度，事實上很可能只是因為他不擅溝通、曾經吃過苦，或是出自某些緣故而拒絕社交。

只要我們拋開先入爲主的想法，**誠摯地實踐積極聆聽，對方就會卸除心防，在短時間內敞開心胸，開始傾吐。**

在那一瞬間，任誰都會充滿活力，並開始散發光芒。

我想，那是因爲對方在那一秒明白了——我們並不是因爲利益，也不是出自客套，而是**真心尊重**、**重視對方這個「人」**。

這不就是人生在世最值得高興，同時也是最重要的事情之一嗎？

想讓對方充滿活力，關鍵就在於：

1. 實踐積極聆聽，對方就會卸下心房、敞開心胸。
2. 即使對方看起來不喜歡與人交際或態度冷漠，也不要介意，請繼續實踐積極聆聽。
3. 只要拋開成見，用心聽對方說，對方一定會有所改變。
4. 聽對方訴說他的心理創傷，但切勿詢問，而是等對方主動傾訴。
5. 對方願意開口後，請盡量精簡問題，讓對方多說一些。

理解．實踐檢核表

- □ 透過積極聆聽解開誤會找回信任感。
- □ 理解對方，或用觀察的角度實踐積極聆聽，怒氣自然會消失，也能改善人際關係。
- □ 在親密關係、戀愛關係中，使用積極聆聽讓關係更親密。
- □ 積極聆聽能讓對方感受到關心與他人的善意，變得更有活力。

A4筆記術的主題範例

- 如何改善人際關係？
- 如何做到對討厭的人也實踐積極聆聽？
- 努力實踐積極聆聽之後的感想是什麼？
- 爲什麼理解對方之後就會消氣？
- 過去曾有哪些誤會？

如何改善人際關係

1. 我現在和誰的關係不好？

2. 我們的關係爲什麼會變得不好？
從什麼時候開始的？

3. 哪些部分還有改善的空間？

4. 接下來的兩個星期，我可以繼續付出哪些努力？

CHAPTER 3

領導能力落差的關鍵
在積極聆聽

切實了解下屬實況，強化團隊氣氛

「下屬」這個角色，看似比主管輕鬆，但其實絕不簡單。

擔任下屬的人，壓力通常過大，且有時還必須忍受主管的權力霸凌，或因時刻揣摩上意而疲累不堪，因此許多人往往沒什麼幹勁。事實上，每週都有許多擔任下屬的人會來找我諮詢建議。

爲什麼會這樣呢？我想在此說明一下形成這種狀況的背景。

我多年來協助日本國內外各大企業進行經營管理改革，見過各國的經營者、高階主管、事業群總經理、部門經理、課長以及基層員工。我不但聽主管說、聽下屬說，同時也聽「主管的主管」以及「下屬的下屬」的心聲。

於是我發現一個現象：**由於主管太執著於得到「結果」，而經常不自覺地把下屬逼到絕境**。

「難度適中的目標其實並不多。」儘管大家都知道這個道理，但還是會去檢討甚至苛責沒有達標的下屬。但並不是每一個下屬都能完美達成所有目標，因此即使主管沒有惡意，還是會不由自主地表達責備或追究。

即使是現今風靡全球的iPhone，當初創辦人賈伯斯也是以幾近不合理的高標準在要求，並設法達成目標才有今天的成功，因此目標的難度設定可說相當難以拿捏。另外就現況而言，在達成目標的過程中，有多少人的精神與健康受到磨耗，通常企業也不以爲意。

由於大環境如此，儘管並非出於惡意，但實際上卻有許多主管時不時會給下屬龐大的壓力，並持續消磨下屬的熱忱。其中甚至有不少主管的心態是「自己在當下屬的時候吃過很多苦，所以現在也要讓下屬嚐到類似的苦頭」。

另外，絕大多數的主管根本不太聽下屬說話，**就算主管自認為有聽，根據我從旁觀察的結果，大概也有六至七成的時間，主要都是自己在說話**。實際上的比例或許更高（各位不妨用碼表計時，看看自己和下屬講話的時間各是多久。或是錄下幾次自己和下屬談話的內容，每次約十分鐘即可，確認自己和下屬講話時間的比例）。

在這種狀況下，仍有部分下屬能說明狀況或表達意見，不過他們能說出多少眞心話，則不得而知。而假裝表達自己的意見，實際上卻是順著主管意思說的下屬，相信也不在少數。

幾乎所有的下屬都無法完全信任主管，或對主管抱有戒心，總是極力避免與主管溝通。倘若無可避免，則會小心翼翼，只挑能討主管歡心的內容說。

如此一來，主管便很容易成爲《國王的新衣》裡的國王。卽使當事人完全沒有這樣的意圖（正因如此，才會成爲「穿著新衣的國王」），**卻永遠只會單方面地自說自話**、**永遠只聽順耳的報告**。

此時，假如主管認眞實踐積極聆聽，將可獲得極大的效果。下屬會立刻有所反應，不僅能更有幹勁也會因此感到開心。

我曾協助某大規模零售商進行思想與行動改革多年，接下來我想分享當時的經驗。

該企業各區的區經理手下各有約十名督導員，業績壓力非常龐大，由於區經理自己以前似乎也是這樣經歷過來的，因此平常根本不聽下屬講話，只是不停地指使下屬做東做西，或是斥責：「那件事是怎麼搞的？你到底在幹什麼？」、「業績給我再衝高一點！」

區經理沒有心情，也沒有時間耐心聽下屬說話；相對地，下屬也必須隨時注意店經理的臉色，如履薄冰地工作。

我輪流拜訪了該企業在全國各區的分公司，向各區經理說明積極聆聽與正向回饋的重要性，並進行角色扮演練習，最後請他們當天就開始實踐。我更請求他們在接下來的兩個星期裡，每天寄電子郵件告訴我，他們**是否百分之百做到了積極聆聽、是否完成了二十次以上的正向回饋**。

於是，我觀察到了下列現象。

1. 在我連續幾天透過電子郵件給予回饋後，每一位區經理實踐積極聆聽的比例都提升了。
2. 實踐積極聆聽後，以往無精打采的下屬也變得開朗許多，慢慢開始願意向上報告一些負面的消息。

3. 原本氣氛陰沉的分公司辦公室開始出現笑聲。

4. 督導員在巡視自己負責的分店時，也開始實踐積極聆聽。

5. 各分店的店長也受到影響，漸漸開始聽下屬說話。

6. 不論是成天板著臉、一絲不苟，或是對下屬過度嚴苛的區經理，各種類型的人都產生了相同的變化。

我的結論是，與其說積極聆聽太難了、做不到，不如說**單純是因為沒有體驗過積極聆聽**、**不知道它的重要性，所以才做不到**。請各位務必一試，相信下屬的態度會立刻好轉，討論公事也會更順利。

剛開始實踐積極聆聽時，下屬可能會感到有點疑惑。畢竟以往從未認真聽自己說話的主管，現在突然願意認真聽了。

「我是有很多意見啦，但真的可以說出來嗎？上次有人說實話，結果被調走了耶」——一般的下屬大概會這麼想，並仔細觀察主管的臉色。

最初對方一定會感到驚訝，但**只要主管連續幾天堅定地展現願意積極聆聽的態度，下屬便能放心，並且變得開朗**，願意表達意見。對方習慣的速度通常快得令你驚訝。

他們將擺脫無精打采、將自己封閉起來的狀況，宛如重獲新生。

想讓下屬脫胎換骨，關鍵就在於：

1. 總之聽就對了，耐心等待對方卸下心防，願意吐露真心話。
2. 一開始聽一個小時，之後隔週一次，每次聽二十到三十分鐘。
3. 對下屬的指示，請寫成工作表（task sheet）等，以書面傳達。
4. 下屬有問題時，必須立刻回答，除此之外的時間只需聽即可。
5. 開始實踐積極聆聽之後，必須貫徹始終，不能只有三分鐘熱度。
6. 請同事幫忙確認自己有沒有確實做到積極聆聽，亦可錄音確認自己和下屬講話的時間分配。

下屬更有自信，態度更加積極

實踐積極聆聽後，下屬不但能重拾活力，對工作的態度也會變得更認眞、積極。如此一來，便更容易獲得成果，進而建立自信。**一旦建立起自信，動機便會增強，成長也會隨之加速**。

因爲，光是感受到「主管試圖了解我的想法」、「主管願意聽我說話」，下屬就會變得更加開朗。

下屬將脫胎換骨，開始體會工作的樂趣，變得積極、有活力；與主管之間的溝通獲得改善，工作成果也將更豐碩。

沒錯，僅僅是對下屬實踐積極聆聽，就能帶來這麼大的改變。

這一點也不難，過去總是很多人來問我：「該怎麼樣才能讓下屬更有幹勁？」、「下屬要怎麼樣才會有所成長？」答案其實很簡單——**只要好好聽下屬說話，實踐積極聆聽即可**。

反過來說，在沒有實踐積極聆聽的狀態下，期待下屬有所成長，可以說根本不切實際。這就如同沒有發動車子，卻質疑車子爲什麼不會動一樣。所有的主管、領導者，都應該實踐積極聆聽，幫助下屬建立自信。如此一來，也就不需要什麼培育人才的艱澀理論了。

想讓下屬建立自信、不斷成長，關鍵就在於：

1. 實踐積極聆聽，好好聽下屬說話。
2. 留意下屬與前主管的相處經驗，以及出社會之後經歷過的辛酸。
3. 理解下屬的價值觀，尤其是他所認為的「好」與「不好」。
4. 每週撥出時間與下屬對話，即使每次時間不多也無妨，以利下屬遇到工作上的問題時能及早提出來商量。最理想的是面對面談話，若狀況不允許，亦可透過電話。
5. 親自督導，讓所有下屬學會積極聆聽。
6. 提供協助與建議，幫助下屬對同事、後進、外部人士，甚至在私人生活中也開始實踐積極聆聽。

7. 與下屬共享最佳典範（Best Practice），以利下屬互相協助。
8. 確實督導，讓所有下屬確實掌握自己的優點、成長課題以及成長目標等。

弭平認知落差，高效提升效率

主管對下屬實踐積極聆聽後，下屬不但能建立自信、持續成長，對主管的信任感也將大幅增加。因爲**面對願意聽自己說話的人時，任誰都會感到安心，並自然而然產生信任**。

更別說假如對方是自己的主管，這種落差反而有助提升好感，增加信賴。這是再自然也不過的現象，一點也不特別。

如此一來，下屬只要遇到需要釐清的事情，就會立刻找主管商量，上下的溝通當然會變得更加順暢。在此狀況下，**針對問題的癥結以及目前該採取的措施，雙方比較不易產生認知上的落差，同時能適切地修正方向，有助於提高成效**。

鮮少有工作能完全按照計畫順利執行，過程中勢必會遇到某些問題，有時也會產生誤解。在與外部人士溝通時，也常出現因爲認知上有落差而導致氣氛尷尬的狀況。

在這種應該立刻找主管商量的時刻，由於下屬已經不像以前那麼排斥溝通，當然可以防患未然。同時，對主管的信賴也會更上一層樓。

而由於和下屬的溝通變得順暢，主管也不再焦躁易怒，可以專心處理自己負責的工作。當主管和下屬的壓力雙雙減輕，雙方都會變得沉穩又充滿活力，工作也就更容易獲得成果。面對客戶的態度也會跟著變好，形成一種良性循環。

想增加下屬對主管的信賴，建議如下：

1. 確實地實踐積極聆聽。
2. 仔細地與下屬溝通。
3. 當下屬有事商量時，必須立刻回應，並提出解決方案。
4. 配合狀況，有彈性地修正方向。
5. 需要向外部人士致歉或提案時，也必須迅速回應。
6. 不可用高傲的態度面對下屬。
7. 指導下屬時，儘管期待下屬有所成長，也不可過度給予壓力。
8. 隨時提供建議，幫助下屬成長。

超前挈領，掌握關鍵問題

領導能力是所有管理階層必須面對的課題，在我接觸過的管理階層中，也有不少人對自己的領導能力缺乏自信，並爲此煩惱。我相信每個企業都有針對管理階層的研習課程，但內容似乎多爲一成不變的講課，並沒有提供能具體強化領導能力的訓練或技巧。這些管理階層通常無法從自己的主管身上學到領導技巧；就算自己看書，也只是一知半解，不曉得具體該怎麼做。

而因爲主管領導能力太差而煩惱的下屬，我接觸的就更多了，幾乎每週都有人來找我諮詢。我最常聽到的狀況，就是主管徒有其名，總是不斷交待工作，任務分配和執行方針卻一團模糊或變來變去，讓手下非常難做事。即使想找主管商量，也苦無機會；就算有機會反映了，主管往往也只能提出治標不治本的答案，或是事後才若無其事地反對。

能清楚說明負責各任務的成員應採用什麼方法來達成什麼目標、當下屬有困難時會伸出援手、當下屬遇到無法解決的問題時，會一起想辦法解決的主管，才是真正擁有領導能力、值得尊敬的主管。

上述內容說起來簡單，但實際上，主管必須顧慮高層的想法、面對下屬動輒提出的不滿及抱怨，更必須處理客戶無理的要求，因此某種程度上也很難面面俱到。而儘管公司對主管的工作技能抱有高度期待，卻沒有提供相對的升遷或加薪機會，則是令大多數主管感到不滿的主因。

或許只有少部分工作能力極強的主管，才勉強稱得上是及格的領導者。不過，假設有兩名能力相當的主管，一個認眞實踐積極聆聽，另一個卻只會指使、命令下屬，從不聽下屬說話，那麼兩者的領導能力也將出現極大的差異。

因爲，**實踐積極聆聽的主管，能早一步掌握問題，確實理解問題的本質，提出合理的解決方案，同時下屬也會竭盡所能，致力於解決問題**。

當主管不用擔心自己不夠了解第一線的狀況，也無須牽掛下屬是否充滿幹勁或有所不滿，便能全心應對客戶。當團退中的每個人都能專注於自己負責的部分，就能創造理想的工作成果。

只要徹底實踐積極聆聽，主管的領導能力就會大幅提升，而且是立竿見影。想強化作爲主管的領導能力，關鍵就在於：

1. 若下屬沒有自信，請主管確實地實踐積極聆聽。
2. 好好聽下屬的心聲，能增加下屬對主管的信任並大幅改善與下屬之間的關係。
3. 實踐積極聆聽，有助更迅速地掌握公司內外資訊，在第一時間安排決策。
4. 當團隊中的每一個人都能更專心處理自己負責的業務，便更容易獲得成果。
5. 下屬自發尋求主管建議的頻率增加，便能更即時地提出建議。
6. 形成良性循環後，下屬自信便能提升，主管的領導能力也會更上一層樓。

理解. 實踐檢核表

- □ 只要認眞實踐積極聆聽，團隊就能開啟正向循環。
- □ 實踐積極聆聽後，原本無精打采的下屬也會覺得備受尊重而充滿活力。
- □ 一旦實踐積極聆聽，下屬將更有自信。
- □ 下屬會更信賴實踐積極聆聽的主管。
- □ 實踐積極聆聽，主管的領導能力將會提升。

A4筆記術的主題範例

- 下屬爲什麼總是提不起勁？
- 下屬在什麼狀況下會變得開朗？
- 下屬在什麼時候會充滿自信？
- 下屬在什麼時候會失去對主管的信賴？
- 該如何提升主管的領導能力？

CHAPTER 3 總整理 + 靈感筆記

如何增加下屬的熱忱與幹勁

1. 下屬爲什麼會缺乏幹勁？

2. 爲什麼有些下屬總是充滿幹勁？

3. 過去有沒有順利使下屬幹勁提升的經驗？

4. 我要怎麼透過積極聆聽來提升下屬的幹勁？

CHAPTER 4

掌控風險，贏得先機

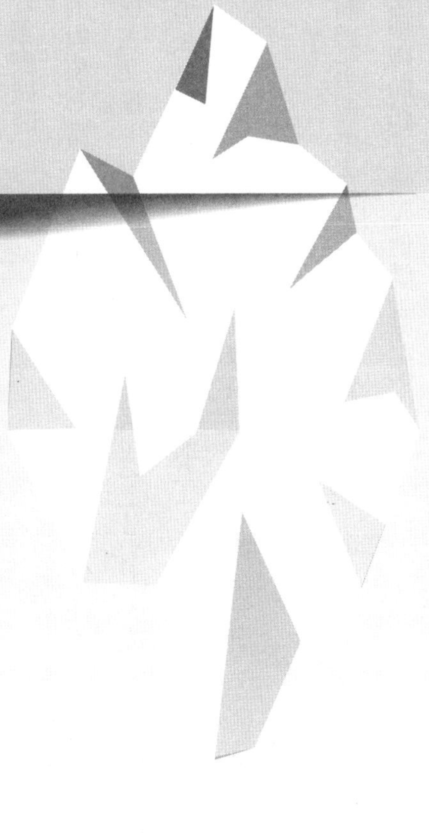

使用積極聆聽打破不安

無論在工作上或私人生活中，相信各位曾遇到總覺得對方哪裡怪怪的，讓人想弄清楚或是想找人討論的情形。雖然隱約覺得對方的態度哪裡不太對勁，但又不知道該找誰確認，那種難以言喻的感覺，使人感到不安。

這個時候，請問各位都會怎麼做呢？

假如有個可以放心商量的對象，當然再好也不過，但我們的身邊往往不見得有這樣的角色。若隨便找人商量，可能從此會有把柄落在對方手上，或是被對方當作笑柄，到處散播：「他連這種狀況都察覺不到耶」、「他竟然問我這麼愚蠢的問題」等傳言。即使對方沒有惡意，也相當令人不快，完全沒有正面的幫助。

即使是這種狀況，積極聆聽也能派上用場。如果你覺得下屬、窗口或主管的態度怪怪的，請試著使用積極聆聽，聽聽他們說話吧。

•假如對方是下屬

首先，千萬不要劈頭就斥責對方「你有什麼不滿！」請一邊深呼吸，一邊鼓勵對方說話。不過，由於下屬通常都沒什麼精神，因此首要之務就是讓對方卸下心防。

爲此，我們必須先讓自己放鬆。當下屬說到一半卡住時，可以適時給予引導或提問，讓對方可以順利地繼續說下去。

只要我們展現出認眞聽的態度，下屬就會願意傾吐一切。就連以往不願意說出的事情，也會一併吐露，呈現神清氣爽的表情。最重要的關鍵是，不論對方說什麼，自己都必須放鬆心情；倘若心中有怒氣，那麼絕對藏不住，也一定會給對方帶來壓力。

聽下屬說完之後，通常就能看見問題在哪裡、需要釐清的是哪些地方。只要下屬能坦然說出來，問題的全貌便會清楚浮現。

不過，**大多時候，下屬本人並沒有看見問題的全貌，因此適時針對某些重點**

提出疑問，是非常重要的。如此一來便能掌握所有問題，避免遺漏，下屬的視野也會變得更遼闊，有所成長，進而對主管抱有感激與尊敬之意。

•假如對方是客戶

一般而言，我們不太能期待客戶什麼事情都實話實說，或是直接提出抱怨。當然也有些客戶只會破口大罵，但大部分的客戶即使心裡希望我們怎麼做，或是對我們的做法有所疑慮，也不太會說出口。甚至有些客戶一旦有什麼不滿，很可能一言不發地從此消失了。

此時，積極聆聽便極爲重要。我們必須用心聆聽，讓本來不願意說出眞心話的客戶覺得：

「講出來似乎也沒關係！」

「對方好像可以理解。」

「對方看起來滿誠懇的。」

若覺得有必要深入追問，便可無須顧慮但有禮貌地提出問題。只要我們展現出誠懇的態度，客戶便會安心地表達意見。因為他們並非打從一開始就不想講，而是因爲覺得說了也沒用，或擔心對方認爲自己很囉唆，才決定不講的。此外，想必也有一些由於怕麻煩而選擇不說的例子吧。

積極聆聽能幫助我們跨越這個障礙，當客戶願意坦白地說出意見，我們便能立刻掌握問題所在，我們在客戶心中的印象也會大大加分。

必須特別留意的是，客戶並不會在掌握一切的前提下，用簡潔易懂的方式告訴我們。一般的狀況通常是：

- 只提出令自己感到困擾的地方。
- 無法全面考慮到產品或服務的整體架構。
- 可能只說一些小事。
- 明明不知道案子的詳情，也會說得煞有其事。
- 資訊的來源經常只是謠傳。

因此，在實踐積極聆聽時，我們必須思索客戶是站在什麼立場、跟我們有什麼利害關係、以什麼知識爲基礎、抱著什麼意圖，來與我們交談。不能只是傾聽、恭聽，假如有難以理解或不合邏輯的地方，請禮貌地提出問題，加以釐清。

至於深入追問到什麼程度才算恰當，其實有個很簡單的標準。

那就是——**你是否能將聽到的內容，簡單明瞭地轉述給其他人聽**？若抱著「必須向別人轉述」的心情，自然會留意自己不夠了解或無法說清楚的地方，提問時也就不會有所遺漏了。

另外一點，則是**無須顧慮太多**。「沒禮貌」和「不過度顧忌，但保持禮貌」是截然不同的。此外，提出問題和「態度狂妄」也是兩回事。

假如發問並非出自好奇或關心，而是以下有目的性的問題：「故意讓對方感到爲難的問題」、「想測試對方知道多少的問題」、「意圖陷害對方的問題」等，則不在本書的討論範圍內。

此外，缺乏經驗和技術的人，往往無法完全理解客戶寶貴的意見。面對重要客戶時，請務必指派具有豐富經驗與技術的人來進行積極聆聽，以利好好善用珍貴的機會。

●假如對方是主管

最後是面對主管的狀況，而這也是最棘手的對象。

當我們隱隱覺得不安，但又不知道問題出在哪裡時，通常因爲主管並不是第一線人員，因此可能比我們更搞不清楚狀況。在這種狀況下，即使提出問題，對方可能也只會含糊帶過，甚至還可能不高興。這麼說或許有點無奈與直接，但似乎也只有下屬「自己揣測」這個方法了。

此外，對主管實踐積極聆聽時，對方經常會得意忘形，開始自吹自擂。不少主管原本就習慣自己說個不停、完全不聽下屬說話；就算不是自我吹噓，也可能是說教或老生常談。這些內容並非毫無價値，問題在於「主管單方面說個不停，而不聽下屬說」。此外，假如主管談的都是自己的家庭、小孩等私人話題，下屬當然不可能有興趣，非常有可能聽得很痛苦。

這種時候，**下屬勢必無法打斷主管，因此我建議各位把心態轉換為觀察對方**。也就是，請盡量想像：

「主管為什麼想說這些？」

「他經歷過哪些事情，今天才當上主管的？」

「他喜歡什麼、討厭什麼？」

這不但是一種很好的練習，透過觀察主管而得到的知識，更能在工作上有所助益。

不過，畢竟也不能讓對方無止盡地講下去，因此請視情況設法把話題拉回來，開始實踐積極聆聽，讓對話朝適切的方向發展。若成功拉回話題，表示很幸運；若失敗了，就放棄吧。

當找不到問題在哪裡，而想透過積極聆聽釐清時，必須注意的關鍵是：

1. 面對下屬時，請認真聽對方說，不可讓對方感到壓力。
2. 下屬不一定能看見事情的全貌，此時可透過發問來避免遺漏。
3. 面對客戶時，請展現出誠懇的態度，讓對方願意說出問題所在。
4. 客戶往往只會從自己的角度出發，請事先設想對方的立場與彼此的利害關係。
5. 向客戶提問時無須顧慮太多，但態度要有禮貌。
6. 不可提出讓客戶為難或測試對方具備多少知識的問題。
7. 主管說個不停的時候，請轉而觀察對方，並找機會設法把話題拉回來。

中程確認，防微杜漸

在計畫進行的過程中，若感到狀況不太妙，我會**立刻進行積極聆聽，掌握目前的狀況**。所謂的「不妙」，是指：

「無法掌握事情的全貌，導致無法預測接下來的發展。」
「可能有某種危險正在接近。」
「再繼續這樣下去，可能會有什麼東西爆發。」

此時，請直接找到當事人，聽對方說話。假如當事人不在，則可找當事人身邊親近的人；假如眞的有困難，則請盡量找一個能以客觀角度掌握事情全貌的人。

請特別留意，儘管事態緊急，但若以詰問的口吻說話，對方便會畏縮。

這樣一來，不只是對方，連自己的想法都會受限，導致無法找出最佳的解決方案。

面對事情請保持彈性，正如同全力狂奔時，肩膀也要放鬆一般。若能展現出從容的態度，對方便不會過於緊張。

假如已經能熟練地進行積極聆聽，那麼通常只要聽完兩到三個人的話，就能掌握八成的狀況。掌握了狀況後，請整理出：

- 可以冒的風險、不能冒的風險。
- 必須即刻處理的問題。
- 可以暫時擱置的案子。
- 中程階段可能必須面對的問題。

不過，若只對管理階層進行積極聆聽，立場也許稍嫌偏頗，因此請同時聽聽第一線人員或不同立場的人怎麼說。也就是求證的概念。如此一來，便能安心確認大致的問題，採取適切的應變措施。

當感到不妙時，必須注意的關鍵是：

1. 即刻與當事人或其身邊的人談話，掌握狀況。
2. 此時口吻很容易一不小心變成詰問，必須特別留意。
3. 務必聽第一線人員的說法，從不同面向理解。
4. 理解最糟的情況可能是什麼。
5. 掌握最糟的情況可能在什麼條件或狀況下發生。
6. 思考如何避免最糟的情況發生。

梳理思緒，整頓全局

當心中有所牽掛、耿耿於懷時，積極聆聽也可以爲我們帶來幫助。所謂耿耿於懷，是指自己的思緒沒有整理清楚、看見不合理的事情發生，或是事情太複雜或不太對勁的時候。

思緒沒有整理清楚時，可分成以下幾種狀況：

- 重要的事情和不重要的事情混雜在一起。
- 事情毫無次序、雜亂無章。
- 太多想知道的事情，導致思緒混亂。

實踐積極聆聽時，在對方敍述的過程中，上述內容便自然能得到釐清。因爲從對方的話中，我們可以明白什麼可能是問題、什麼不會是阻礙的原因，哪些事物是相關的，哪些事件又是無關的。

鮮少有人在講話時，會有意識地先整理好再說出口，有時就算想說，也無法好好表達，也可能會離題或講到一半就中斷。**若能透過積極聆聽，弄清楚自己不懂或想更深入了解的地方**，便能看清全貌，解除心中的疑慮。

・出現偏離常規的事件時

這種時候我們積極聆聽的對象，應是對計畫或組織的實際狀態瞭若指掌的人。有時事情也許眞的很不合理，但請站在計畫或組織領導者的立場，盡力聽對方說話並試圖理解。如此一來，我們多半可以理解「有時的確會出現這種狀況」，大部分的疑慮也就能隨之消除。

但在發現不合理的事情時，一定會感到忿忿不平，心裡也會充滿質疑——「這太奇怪了」、「到底是怎麼一回事」、「怎麼可能會這樣」。越是這種時候，越需要先試圖去理解狀況。否則不但會造成自己的壓力，也會無謂消耗精力。這種時候，我們不妨冷靜下來，好好思考以下的問題：

- 這件事哪裡不對勁？
- 假如去詢問該計畫或組織的負責人，他們可能會怎麼回答？
- 若對方與自己的角色互換，對方可能會怎麼解釋？
- 整件事情會不會是自己反應過度？

當你思考後並積極聆聽對方，通常都可以獲得好的結果，**因為大部分的人都喜歡被他人同理**。

儘管一開始是因爲感到不合理所進行的積極聆聽，但是因爲良好的溝通，對方不但藉此消除了你心中的疑慮，也能了解到你的想法。

與其自己越想越不對勁而感到憤憤難平，善用積極聆聽不但能直面問題，也能將彼此的心結解開。

・事情太複雜無法理解目前該做什麼時

這種狀況，往往肇因於自己知識不足。只要對主管、同事或前輩實踐積極聆聽，通常就能將原本覺得複雜的狀況理出頭緒，或發現原本覺得不對勁的地方事實上並不是那麼一回事。

養成「**覺得耿耿於懷，就立刻釐清，不要擱置**」的習慣，或許才是最重要的。覺得某事耿耿於懷時，必須注意的關鍵是：

1. 思考自己會在什麼時候出現這種不對勁的感覺。
2. 若思緒尚未整理好，可透過積極聆聽，確認事情的重要性及順序。
3. 覺得事情不合理時，請聽聽了解實際狀況的人怎麼說，再加以整理。
4. 覺得事情太複雜難以著手處理時，請積極聆聽主管、前輩怎麼說，再加以整理。
5. 感到不知所措時，積極聆聽也能一掃心中的疑慮。

•當事件模糊不清，不了解事件發展始末時

無論在職場或日常生活中，有時候我們會明確感覺到周遭的人似乎正發生什麼事，但由於我們不清楚事件始末，因此就彷彿置身於五里霧中，看不清楚前方的景象。這時，只要實踐積極聆聽，眼前的霧就會立刻消散。因爲積極聆聽除了聽之外，更需要適時發問。由於無法看清前方的路，我們可以先從幾個不同方向進行試探。

假如只是讓對方自由地說，許多眞正想釐清的問題，可能就沒有機會提出，導致事情的眞相仍陷在霧裡。

提問的範例如下：

- 最近是不是發生了什麼事？
- 所以後來沒事了嗎？
- 哇，好驚人喔。那你覺得關鍵在哪裡呢？

- 這樣啊，真是太好了。後續進行得順利嗎？
- 哇，真是太厲害了。可以請你說得更詳細一點嗎？

發問時必須注意禮貌，同時**掌握節奏**，**迅速地提出**，如此便能在短時間內導出結論。若要比喻，感覺就像是網球或桌球的一來一往對打。

假如能順利做到這一點，效果將會非常好，與對方之間的距離也會一口氣縮短。透過二十到三十分鐘的對談，就能打破隔閡，暢所欲言；一問一答的節奏變快，雙方皆展現出積極的態度。

從這個角度來看，積極聆聽可說是與人交心的重要方法之一呢。

想在模糊不清的狀態下，透過積極聆聽找出答案的關鍵就在於：

1. 接連提問，避免讓對方自顧著一直說下去。
2. 有禮貌且快節奏地發問，讓對方能愉快地說下去。
3. 急速縮短與對方之間的距離，同時掌握事情的全貌。

洞悉問題的本質

熟悉積極聆聽的操作方法之後，便能即刻看清問題的本質。

無法掌握問題本質的人，往往只侷限於問題的表面。這種人平常就不太思考事情的重要性，知識也不足，因此無法做出正確的判斷。

假如是社會新鮮人，倒還情有可原，但建議各位在出社會幾年之內務必學會看清問題本質的能力。

只要養成積極聆聽的習慣，**透過認真、仔細聽對方說話的態度，對方將願意敞開心胸，說出真心話；再加上透過適切的提問，加深理解，我們便能在聽對方敘述的過程中，看清問題的本質。**

例如，假設原本以爲某名員工是因爲個人因素感到不滿，但聽完對方抒發後，也許就能發現問題的本質其實在於部門的職責重複或經營方針上；光看營業額，原本以爲業績很穩定，但仔細一聽，或許就能知道其實是獲利率較低的事業部門大幅成長，導致問題沒有浮上檯面。

無論看多少份文件都無法掌握，或是**難以察覺的問題，都可以透過積極聆聽，在短時間內釐清**。

應該在什麼時間點、以什麼順序、提出什麼問題，也會自然浮現在腦中，幫助我們即時採取行動。

想學會看清問題的本質，關鍵就在於：

1. 提醒自己隨時思考什麼是事情的表面，什麼不是。
2. 被問題的表面侷限時，請確認自己察覺到的地方。
3. 不知所措時，請找人商量，並透過積極聆聽來覺察問題的本質。
4. 可利用網路上的報導來練習釐清問題的本質。

理解．實踐檢核表

- □ 不知道問題出在哪裡時，可透過積極聆聽找出答案。
- □ 覺得耿耿於懷時，可透過積極聆聽迅速消除疑慮。
- □ 感到事情不妙時，亦可透過積極聆聽解決。
- □ 覺得身陷五里霧中時，可透過積極聆聽撥雲見日。
- □ 練習透過積極聆聽看清問題的全貌。

A4筆記術的主題範例

- 不知道問題出在哪裡時，該如何掌握？
- 覺得耿耿於懷時，該怎麼消除疑慮？
- 在什麼狀況下會感到不妙？該如何應對？
- 在什麼狀況下能掌握問題的全貌？
- 該如何學會迅速掌握問題的全貌？

如何迅速掌握問題的全貌

1. 如何在聽對方敘述的同時掌握問題的全貌？

2. 在什麼狀況下可以看清問題的全貌？

3. 在什麼狀況下始終看不清全貌，吃盡苦頭？

4. 我想透過積極聆聽改變什麼？如何改變？

CHAPTER 5

問對問題，精準決策

或許有些讀者認爲積極聆聽只不過是一種「聽人說話的技巧」或「比較有禮貌地聽人說話的方式」。我一開始也是這麼以爲。

然而，在持續實踐積極聆聽的過程中，我發現絕非如此。事實上，只要**積極聆聽除了能看見問題的本質外，就連接下來該怎麼做，也會自然浮現在腦中**。問題的本質，會在我們聽對方說話、接二連三地發問、請對方回答的過程中浮現，在此同時，也會在一瞬間發現：「原來如此！原來事情是這麼一回事。如果是那樣的話，也許可以這麼做？」

只要看清問題的本質，便能輕鬆掌握問題是什麼，以及可能造成的影響。當我們明白了「缺少了應有的東西」、「應做的事情受到阻礙」，自然便能知道「既然如此，只要這樣做，應該就可以解決了」。

在積極聆聽的過程中發問，也能幫助對方加深理解，因此有時能讓對方不自覺地告訴我們問題的本質，甚至提供解決方案。

當然，倘若知識不足或平時根本沒有思考的習慣，就算看見了問題，也不會有任何感覺。在這種狀況下，便不可能察覺問題。

爲了培養察覺問題的能力，平時可以盡量做到：

1. 對各種事物抱持好奇心，善用搜尋查找。
2. 每天搜尋三十至五十個自己覺得重要的關鍵字並閱讀相關報導。
3. 對事物感到疑惑時，立刻查證或請教該領域的專家。
4. 隨時把覺得好奇或耿耿於懷的事情寫在A4紙上幫助思考。
5. 盡量閱讀廣受推薦的書籍。
6. 每個月至少看一次展覽、聽一場演講或參加一場研討會。
7. 當發現別人需要商量的時候，盡量協助對方。

只要持續進行上述練習，**頭腦就會變得更靈活，進而更容易看清問題的本質**；一旦掌握問題的本質，解決方案便自然會浮現。

當然，腦中浮現的想法只是一種假設，在大致想像之後，還必須收集資料或向別人求證。思考能力的高低，取決於一個人**經歷過數次假設↓驗證↓修正的流程**。

上述狀況，當然會比在毫無概念的狀態下直接反覆進行訪談，或不斷進行地毯式收集資料與分析來得順暢許多。

起初可能會有些不知所措，不過這是任誰都擁有的能力，請務必提升自己的敏銳度，並加以活用。

我可以分享一些訣竅，假如各位覺得太難，請隨時來信跟我商量，不用客氣（akaba@b-t-partners.com），我會立刻回信。

想要解決方案自然浮現，關鍵就在於：

1. 養成隨時思考問題本質及解決方案的習慣。
2. 一旦問題的本質偏離，解決方案也會跟著出錯。
3. 掌握問題的本質後，先整理出可能的解決方案有哪些。
4. 不斷重複假設↓驗證↓修正的過程。

5. 視情況閱讀數十篇內部或外部的相關報導，以利求證。
6. 先預設可以商量或能給予建議的對象，以確認自己想到的解決方案是否適宜。

既要見樹也要見林

有時候我們爲了儘快處理問題，很容易會誤判形勢，使用流於表面的答案，所謂「流於表面的答案」指的是只聚焦在眼前問題上的答案，沒有掌握眞正的核心原因，故無法治本。

這種時候積極聆聽就能發揮作用，幫助我們正確掌握問題，看穿問題本質，找出適切的解決方案。

例如，假設在遠距工作型態下進行線上會議時，有人認爲「看不到對方的表情，所以很難協調工作」。表面上看起來是因爲無法面對面，在協調工作時才會出現困難或浪費時間；但問題的本質並不在於無法面對面，而是每個人負責的業務和職責不明確。

只要掌握這一點，答案就不會是「全體員工都必須使用網路攝影機，讓彼此看得到對方的臉」，而是應由主管將每個人負責的業務整理成文件，避免產生理解不足或誤解。如此一來，便可避免所謂「治標不治本」的情形。

只要能更深入地思考，就不會只提出流於表面的答案。想避免解決問題的方法流於表面，關鍵就在於：

1. 一般性或流於表面的答案，有很高的機率並不正確，必須避免。
2. 隨時保持懷疑的態度，自問「真的是這樣嗎？」、「這是不是有錯？」
3. 收集資料時，必須有意識地尋找反證或反例。
4. 一想到答案，就立刻思索這個答案能否解決所有想得到的問題。
5. 只要感到一絲懷疑，就立刻詢問「這是真的嗎？」
6. 再次確認「為什麼是這樣？邏輯架構是什麼？」

建立信賴關係，提升對話深度

積極聆聽的精髓，在於**交流彼此的想法與推測，並更進一步思考**。所謂的「推測」，就是假設，也就是自己目前覺得較有把握的想法。

對方：「我覺得這個問題可以這樣看。」

自己：「原來如此，所以你是這麼想的啊。那麼，關於這一點，請問你的看法如何呢？」

對方：「喔，那個啊。應該是這樣吧，我想應該是這樣沒錯。」

自己：「你沒說的話，我都沒發現這一點！沒想到竟然有這種切入點！現在想想確實正如你所說的那樣。」

對方：「沒有啦，不過跟你討論眞有趣，其實我自己也很少從你這個角度來看這件事情呢。」

自己：「聽你這麼說，我也很高興，那我想請問關於另外一件案子○○○，你的看法如何呢？」

大概是這種感覺。

獨自針對自己內心的各種想法進行自問自答固然重要，但假如能和對方進行類似上述的對話，思考的深度便能大幅增加。

對話可以幫助建立信賴關係，而建立起信賴關係後，又能催生更深入、更能刺激思考的對話，進而提升假設的深度。

有能力提出假設並增加其深度的人，就有能力解決問題，善用積極聆聽能提升工作績效，私生活也會更充實，更能盡情享受人生。

想透過對話提升假設的深度，關鍵就在於：

1. 隨時思考對方想說什麼。
2. 想像對方思維的盲點或可能沒想到的地方在哪裡。

3. 針對這些地方提出問題，引導對方說出想法。
4. 若對方反應不錯，就繼續問兩、三個問題。
5. 倘若對方反應不佳，就改問其他問題。
6. 適時簡單整理對方所說的重點，繼續深入追問。
7. 適時表達感謝。

運用大局思考，揉合意見分歧

實踐積極聆聽，便能看清問題的本質，解決方案也會自然浮現。不過，這個解決方案只是個概略的想法，因此必須仔細確認。

當你心中已經有想法後，請當場告訴對方，並詢問對方的感想。在聽對方敘述時，**可以適時追問：「那如果是這樣的話呢？」等問題，透過對話磨合彼**

此的想法，讓解決方案更趨理想。

舉例來說，假設公司想要跨足新事業，卻遲遲沒有進展。目前已經進行了各種嘗試，卻全都不順利。若此時大家都不願意放下心防溝通，就很難找出需要改善的地方或尚可發揮的市場。若能夠透過積極聆聽，使公司內部想法一致，或許就能知道過去的失敗原因，原來目前的瓶頸是在於研發人員沒有開發新事業的經驗，因此無論怎麼鞭策他們都沒有用。

在積極聆聽的引導下，對話就能在雙方都有共識下進行，就能明白必須採用不同於以往的方式以排除目前的問題。先消除彼此的警戒與焦慮，便有助想出一個全新的解決方案。

- **以往過於依賴缺乏開發新事業經驗的研發人員。**

↓應採用其他方法，不能單靠研發人員努力。

- **以往並未掌握顧客的需求。**

↓必須直接掌握，以此為出發點。

- 以往並未確認研發人員提出的創意是否真正可行。

↓必須即時進行驗證。

- 研發人員缺乏商品化經驗，故不知所措。

↓必須提供商品化的相關支援。

- 研發人員對商品化缺乏熱忱及技術。

↓需要適合推動商品化的人才。

再更進一步思考，便能整理出下列重點：

- 不應過度依賴研發人員，對其提出無理的要求。
- 由研發人員直接面對顧客，掌握顧客的煩惱與需求。
- 在短時間內展開實測，製作原型，以利確認。
- 設置能掌握問題、有能力解決問題的支援團隊，徹底提供協助。

• 從公司內外部尋找有開發新事業經驗的人才，任命其為商品化專案領導人。

如此便能導出「應強力推動」的解決方案。

只要重複上述過程，深入思考，便能根據以往的問題，找出更有效的解決方案。**透過對話，問題被整理出來，解決方案也自然浮現，對方當然也會感到相當滿意**。

最後，我想說明如何在「透過積極聆聽得到的結論」與「自己的意見」之間取得平衡。

在實踐積極聆聽的過程中發問，解決方案的輪廓便會慢慢浮現。在這個時間點，「對方的意見」和「自己的意見」應該就已經互相結合，催生出高層次的解決方案。

想當場提出解決方案，並與對方磨合，關鍵就在於：

1. 再度從各種角度思考問題的本質。
2. 思考為什麼會演變成目前的狀態？這個問題為什麼會發生？
3. 從上到下、從前到後、從裡到外、從旁邊進行觀察。
4. 根據平時的意見，從新的角度思考其他方法。
5. 一想到可能的答案，就立刻告訴對方，聽聽對方的感想。
6. 針對對方的感想接連提出問題，提升解決方案的準確度。
7. 問對方「如果是這樣呢？」更仔細地修正解決方案。
8. 從各種角度向對方提出問題，確認解決方案是否適宜。
9. 持續與對方磨合，直到對方認同這個方案能從根本解決問題。

培養解決問題的思維邏輯

反覆進行上述訓練，習慣透過積極聆聽來掌握問題、提出解決方案後，我們的敏銳度就會提升，思路也會變得更靈活，很多時候**不但能當場提出解決方案，甚至能當場解決問題**。

若是必須尋求他人協助，或必須動員其他部門才能做到的解決方案，固然需要花上一段時間才能執行；不過，事實上也有不少問題，在發現解決方案的瞬間就能迎刃而解。

因爲工作的關係，我時常針對各大企業現有的管理或經營方向給予建議，因此身邊的人也很常來諮詢我工作上的問題。也許在某些人眼中看來，只是對方單一地大發牢騷，但因爲我在過程中使用了積極聆聽，因此原先怎麼繞也繞不出來的糾結問題，卻能在談話間一下就找出盲點。

根據我的經驗，大多時候我們都很習慣自己固有的工作模式，因此即使現有的工作模式在面對新的狀況會使我們面臨困境，我們也很難自覺地找出癥結點並著手改善。這種時候積極聆聽就顯得很重要，不僅能找出問題的關鍵，有系統地排除，也能幫助對方重拾信心。

因此我很建議大家向身邊的人推廣積極聆聽，無論對象是職場上的主管、下屬抑或是身邊的親友，若大家都懂得靈活運用積極聆聽，不僅能強化自身邏輯也能與周遭的人一起達到正向循環。

案例1

身邊一位友人埋怨最近工作老是做不完，一邊不斷如火如荼在追趕既有專案的進度，一邊又有源源不絕的新案子要提出，在新舊案子間的時間調配難以平衡，最終導致所有的專案進度都一起大幅延宕，不停惡性循環。在聽朋友抒發的過程中使用積極聆聽後，我幫他整理出以下問題：

- 哪些工作是該階段非做不可的？

- 哪些工作該交給下屬或其他同事支援？
- 哪些工作可以捨棄或進行簡化？

假如對方能立刻釐清優先順序，並決定接下來要採取什麼行動，問題就等於當場解決了。

案例2

一位中階主管團隊內有十五名下屬，明明人數不少，但每次在推行新企劃時，卻常常窒礙難行。主管自身份內的工作已經夠忙了，實在沒辦法時刻緊盯每一位下屬，但下屬們不知道是「聽不懂」還是「不願意」聽從指令，常常進行到主管檢核階段時，才被主管檢視出下屬們執行的進度與方向大幅不符預期，只能被迫重新提案，無論主管或下屬都焦頭爛額，團隊氣氛也烏煙瘴氣。在聽完主管的苦水後，我使用積極聆聽幫他整理出以下思考：

- 還算可以放心依賴的副手有三名，不妨善加運用培養副手的能力為自己分憂。
- 假如在三名副手底下各分配三個下屬，副手的能力便能成長，監督也能更完善，就不用擔心偏離原先的執行方向了。
- 如此一來，主管不用一次管理十五個人，只需要確認三名副手和三名機動人員，也就是一共六個人的工作進度，並提供協助即可
- 每星期一進公司，就先聽三名副手報告，再把內容反映在接下來的部門會議上即可。

透過積極聆聽，我們不但更容易找出關鍵問題，也因爲找對核心，只要按圖索驥，在聆聽後問題幾乎也跟著一起被解決了。

團隊的分工模式獲得調整，在執行上也不會遇到什麼瓶頸，即便遇到問題也能及時處理，提高機動性。

案例3

一位高敏感的員工，因總是在意主管不知道是有意還是無意的冷漠發言，上班時總是小心翼翼地看主管的臉色行事，深怕主管認爲他哪裡做不好，或是對他有所不滿而累積了極大壓力。使用積極聆聽後我幫他整理出以下重點，並引導對方思考：

- 記錄主管以前做出同樣發言時的結果是什麼？
- 在什麼情境下，自己會覺得壓力特別大？
- 觀察自己目前無論是工作技能或業績，有沒有需要擔心的地方？
- 可用A4筆記法來推估主管真正的想法。

以上的思考，能幫助我們透過問答，察覺自己的工作技能或工作狀態。

上述內容看似很單純，但實際上並非如此。**建立「用客觀的角度看自己」的基**

礎，這是平時很難做到的。

順著這樣的邏輯思考，主管的眞意、過去發生的事實以及壓力的來源，都能一目了然。這時再次配合積極聆聽，便能讓對方接受「原來不用那麼在意」這個結論。

一般人因為主管的發言而感到壓力時，大多會找同事或朋友抱怨、商量。當事人可能認為只要把話說出來，心情就會比較好，但光是說出來，並不代表能站在客觀的立場看待自己。很多時候，可能只是自己叨叨絮絮地抱怨自己有多辛苦，就不了了之；或只是聽同事或朋友給一些稱不上安慰的安慰，就帶著悶悶的心情回家了吧。

以上的案例都是**透過積極聆聽，在短時間內迅速解決問題**的實例。只要熟練積極聆聽，將積極聆聽內化成習慣，決斷力與思考力也會跟著提升，許多問題都能在積極聆聽後當場解決。

想即時解決問題，關鍵就在於：

1. 判斷解決問題是否需要動員其他組織或花上一段時間。
2. 若不需要，便可思考是否可能當場解決問題。
3. 確認解決問題時需要克服哪些阻礙。
4. 寫下克服上述阻礙的方法。
5. 思考達成目標的速度、效果及組織的配合度，決定解決方案。
6. 若情況許可，則當場解決問題。

理解．實踐檢核表

- □ 盡量多練習先看清問題本質，再思考解決方案。
- □ 仔細思考什麼是表面，什麼才是本質，再擬定解決方案。
- □ 無論面對任何事物，都必須提出自己的意見作爲假設。
- □ 找到解決方案後，必須繼續與對方討論，提高深度。
- □ 挑戰在進行積極聆聽的同時解決問題。

A4筆記術的主題範例

- 如何看清問題的本質？
- 爲什麼實踐積極聆聽就能看清問題的本質？
- 治本的解決方案和流於表面的解決方案有何不同？
- 若有同事不擅長提出假設，可以給他什麼建議？
- 在什麼狀況下可以當場解決問題？

在什麼狀況下可以順利解決問題？

1. 在什麼狀況下，解決問題的過程比較順利？

2. 瓶頸是什麼？

3. 該如何運用積極聆聽順利解決問題？

4. 除了積極聆聽之外，再做些什麼，才能更有效率地解決問題？

CHAPTER 6

讓積極傾聽更深層

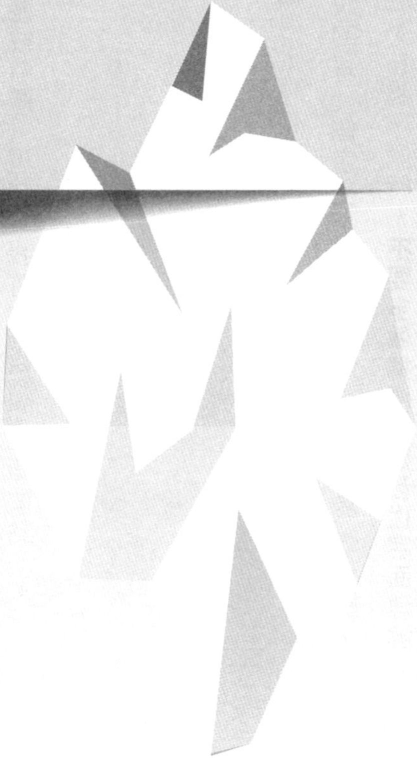

接下來我將說明積極聆聽的具體關鍵進行方法，積極聆聽的關鍵在於：

「專心聽」×「應和」×「有疑問就立刻提出」。

單純地聽、傾聽或恭聽，都只是心懷敬畏地聽。這種狀況並沒有積極思考，對事情的理解也不如想像般深入，更不可能提出問題請對方回答後，再繼續追問，也就是透過問答來提升對話深度。

這正是本書特地強調「積極（Active）」這個形容詞的原因。換言之，積極聆聽**並不是單純地聽、傾聽或恭聽**。現在，我將依序說明三個重點。

專心聽

要專心到什麼程度，才稱得上專心呢？

請把注意力放在對方所說的每一個字上，盡可能照字面的意義去理解。一字一句都必須理解，不可心不在焉。同時，**不要多做揣測，盡量從字面理解**

對方的意思。

似乎有不少人喜歡一邊聽別人說話，一邊想其他事情。這是大忌，因爲對方會立刻察覺你心不在焉，而且從察覺的那一刻起，對方也就不願意再繼續說了。這種行爲會讓對方覺得「就算跟你說也沒用」。

此時必須展現的態度就是「恭聽」，也就是全心全意地聽對方說話，盡力理解對方的眞意。對方並不會替我們說明一切，也可能有些不想說的部分，因此我們必須極力思考：

- 對方的想法是什麼？想告訴我什麼？
- 對方試圖傳達什麼訊息？
- 哪些地方是對方小心翼翼避開不談的？
- 哪些地方是對方說明不夠清楚的？

要做到上述幾點，必須充分發揮自己的背景知識、人生經驗、對言語的感受和理解能力、洞察能力、思考能力等，絕非易事。

若情況允許，我建議各位做筆記，而且**不是只記錄關鍵字，而是盡量把對方所說的一字一句完整記下**。許多人只記錄要點或關鍵字，但這樣一來將無法記下對方獨特的語意或想傳遞的訊息。

相信有些人會擔心來不及逐字記錄，但事實上是可行的，我平常都是這麼做的，並沒有對方講話速度太快而來不及記錄的情形。雖然需要練習，但熟練之後一輩子都很受用，建議各位務必挑戰看看。

一般人都是邊思考邊說話，因此時間上其實很充裕。即使是語速較快的人，也會有無數次停頓。「那個……」、「呃……」之類的發語詞當然都應該省略，而句尾的「～～這種傾向」等亦可省略。

總之絕對可以做到，只是熟不熟練的問題。我在聽傑出人士說話時，會將一張A4紙分成左右兩邊，分別由上至下以條列的方式記錄，一次通常會用掉好幾張紙，但對於事後思考很有幫助。

應和

相信各位一定也很清楚，說話時，倘若對方毫無反應，將會很難繼續說下去。過度的應和是完全沒有必要的，我也不建議各位這麼做，但**適度且自然的應和，可以讓對方心情愉快，進而願意多說一些**。

不過，常在實用書或教人說話技巧的網路文章裡看到的「眞不愧是○○呀」、「這只有你做得到呢」等說法，聽起來太刻意了，我個人並不常用。不少推銷人員也會矯情地這麼說，但這種用語不一定能帶給對方好感，因此請各位愼選使用時機。

假如你眞心欽佩對方，當然可以發出「眞不愧是～」、「好棒喔」、「我好感動，我第一次聽到這種事耶」等讚嘆。打從心底認爲如此時，這麼說並不會不自然，不用擔心；但是請務必留到眞正讓你感動落淚的狀況再說就好（我確實有這種經驗）。

換言之，請不要隨便「想到什麼就說什麼」。的確有些人喜歡較爲誇張的反應，但我建議各位不要刻意地去迎合對方，**以平靜的態度應和即可**。因爲倘若養成了誇張的壞習慣，遇到個性嚴謹的人時，對方將會一眼看穿你並非出自眞心，反而會弄巧成拙。

有疑問就立刻提出

這句話裡包含了三個要素，首先是「抱有適切的疑問」，第二是「即時發問」，第三則是「提出確切的問題」。

「抱有適切的疑問」簡而言之，就是「只要有不懂的地方，就立刻發問」，不過，假如你太過於狀況外、太過缺乏社會常識，或是想問的問題對方其實早就已經寫在著作裡或網站上，你卻沒有做功課，那麼一發問，對方就能馬上看穿。

如此一來，對方便可能認爲你並不認眞，或只是想向人炫耀你們有說過話罷了。有修養的人即使察覺了，也不會顯露在臉上，但對方一旦看透了，對話便可能草草結束。

然而，**假如事前查好所有資料，並且把資料全部讀透之後，再與對方談話，對話就會變得更有意義，心中浮現的疑問也會是有意義的、適切的疑問**。換句話說，倘若你偷懶、沒有事先做好功課，立刻就會被看穿。

所謂適切的疑問，會根據面談的目的、對方的立場、自己的立場、目前的狀況、面談的時段、面談的預定時間長短等因素而定。若時間充裕，便可盡量發問；若時間緊迫，則必須慎選問題。

「**即時發問**」這一點也不容易做到。最應該注意的，就是不可以打斷對方。如果對方很喜歡被問問題、很樂意回答，或許不用太在意，但絕大多數的狀況都必須注意。

能讓對方願意多說一些的積極聆聽，本來就比較適合用在不擅表達、沉默寡言的對方身上，因此請特別注意發問的時機。

究竟是現在提問比較好，還是等一下再提問比較好？判斷的原則就是「**假如現在發問不會打斷對方，就可以發問**」。

有時卽使已經注意了，仍可能不小心在對方正講得興高采烈時打斷對方的話提問，掃了對方的興。

「**提出確切的問題**」這是最難的一點。簡單講，其實就是「發現內容有不合邏輯的地方，就提出疑問」，然而倘若隨意亂問，不但會破壞氣氛，更可能讓對方產生戒心。

適切的問題，可以提升對方說話的意願，讓對方覺得：「喔？原來你懂這麼多啊？」、「**太好了，你有抓到問題所在，那講起來就快多了。**」一旦對方這麼想，接下來就一點也不困難了。卽使你出自好奇心，接連發問，對方也會覺得：「我就是在等你問這個！」進而興致勃勃地道出更多。

只要雙方對問題的所在具有共識，談話就會愉快而充實。**因為雙方對問題的認知相近，但立場和經驗卻不同，因此彼此都能獲得許多啟發。**

如此一來，雙方便意氣相投、互相理解，因此而成爲摯友的例子也很常見。唯一需要注意的，就是對下屬提出「確切的問題」時。

許多時候，下屬的煩惱可能來自他與父母或家人關係不佳，或是與主管、同事、後進感情不睦，亦可能是因為他本來就缺乏自信。

換言之，談話時，無論如何都無法避免觸碰到這些敏感的話題。此時，建議各位絕不能擺出主管的架子，同時收起不必要的好奇心或憐憫，保持平常心，自然地聽對方訴說即可。

進行積極聆聽時，**固然必須設身處地，但同時也應保持某種程度的專業**。

最後分享一個許多人共通的問題——實踐積極聆聽後，對方便高興地說個不停，浪費許多時間，令人疲憊不堪。

針對這個問題，我的答案一律是：

這個問題確實存在，但仍請聽對方說完。不過，最多一個小時，便可結束對話。如果覺得有困難，只要事先在下一個時段安排其他會議即可。

不過，假如對方疑似有依附障礙（Attachment disorder），總是自我中心或喜歡「討拍」，那麼對方往往既不是信任我們，也不是依賴我們，而是單純把我們當作一個可以發洩不滿的對象；面對這種人，只有保持距離一途。畢竟對方其實並不重視我們，不要太在乎對方，對自己比較好。

有時對方一開口，我們就會發現情況不妙。這種時候可以找個理由中斷談話，假如實在找不到理由，僅此一次，請把心態調整爲「觀察這個人爲什麼會有這種言行舉止」，如此便能減輕聽對方說話時的壓力，同時學習如何觀察別人。

各位是否明白了呢？**積極聆聽也必須取得平衡，並不是面對任何對象，都必須聽到最後的博愛主義**。

就好比一個普通朋友因爲賭博輸光了錢，於是來拜託你在月底之前借他一百萬日圓，我想一般人應該都不會借吧？判斷的標準其實就和這種狀況差不多。若對方對自己並不是眞心的，也請不用太在意對方而耗損自己。

想專心聽並適時應和，關鍵就在於：

1. 專心聽對方說，盡量理解對方。

2. 不多做揣測，盡量照字面上的意思解讀。
3. 若情況允許，請做筆記。盡量逐字記下對方的發言。
4. 適度且自然地應和對方，讓對方愉快地繼續說下去。
5. 事先把能查的資料都查好，再適切地發問。

最後補充一點。有些人認爲「專心聽對方說，盡量理解對方」及「不多做揣測，盡量照字面上的意思解讀」的難度很高。我們可以這麼歸納：**我們能理解多少＝在該領域的知識量×專注力×理解力**。

「**在該領域的知識量**」取決於我們是否隨時保持好奇心，關心各種領域，以及遇到不熟悉的主題時，是否會立刻查詢相關資料。若是重要的會議或面談，更是必須事前查好資料。

「**專注力**」亦可說是「認眞與否」，也就是能否專注於對方所說的內容，而非一邊思考晚餐要吃什麼、週末要去看什麼電影。

「**理解力**」也就是所謂的「頭腦好不好」，請不用將「頭腦好不好」想得太過沉重，就連曾與數千人深談過的我，也從來沒有遇過讓我覺得「這個人的頭腦眞不好」的對象。一直以來我都認爲每個人的頭腦其實都很好，只要每天持續練習寫下十到二十張A4筆記，就能習慣整頓思考，任何人的理解力都能大幅成長。

溫和提問的技巧

接下來我想仔細說明「有疑問就立刻提出」這一點。這需要某種程度的練習與實際經驗。

一般而言，只要認眞聽對方說話，並完全理解，自然會產生疑問。此時，**請進一步追問，例如：「原來如此。如果是這樣，那麼有關這個部分，您又覺得應該怎麼看呢？」、「請問您對這一點有什麼想法？」**

這些都是出自關心與好奇心的疑問，絕不是質疑對方「眞的是這樣嗎？」的語氣。假如我們抱有懷疑、否定、批判的情緒，或是想挑戰、測試對方，甚至輕視對方，一定會從聲音中透露出來，請千萬留意。帶有這種情緒，是無法實踐積極聆聽的。

許多人擔心「眞的可以當下直接發問嗎？」其實只要語調沒有問題，就不必擔心，對方甚至會很歡迎提問。我認爲，不論是身爲一個「好聽衆」的人、總是能順利從別人口中獲得新資訊的人，或是擅長採訪的人，全都是因爲懂得在適當的時機毫不遲疑地提出適切的問題，對方才願意侃侃而談。

在對方停下的瞬間，立刻插入問題，便是所謂當下直接發問的好時機。因爲假如只是一直等，往往到最後根本無法提問。萬一錯過了時機，之後便比較難提問；更重要的是，倘若在沒有全盤理解的狀態下讓對方繼續說下去，有時會愈來愈無法理解。

儘管如此，有時還是難免錯過時機，此時請下定決心，詢問對方：「剛才您提到了○○，請問這是○○的意思嗎？」相信大部分的狀況，對方都會樂意回答。

以下分成幾個狀況來討論。

•假如對方是下屬

大部分的下屬在面對主管時都會畏縮，即使沒有，也絕對稱不上放鬆，一般而言都會神經緊繃。無論下屬自身的工作能力如何，當主管坐在面前時，對方腦中一定不斷思考：「如果我這樣說，主管會怎麼想呢？」、「現在主管期待我說些什麼呢？」

由於「主管」這個立場對下屬有著莫大的影響，因此要做到「溫和但直接地提問」，可說相當困難。

我的建議是：**請先單純應和，並只提出一些小問題，直到對方能夠不再畏縮，繼續說下去**。唯有達到對方願意侃侃而談、即使發問也不會使對方退縮的階段，才能展開毫不遲疑的提問。例如：

「你覺得是哪裡出了問題？」
「你覺得為什麼會這樣？」
「你聽過〇〇部門的說法了嗎？」
「這個部分是什麼意思？」

以上這些問題，只要稍微一不注意，都極有可能變成詰問的語氣。在下屬願意坦然說出他的煩惱或課題之前，請盡量避免提出這種可能變成質問語氣的問題。

接下來，**請優先確保「下屬願意繼續說下去」，再慢慢發問**。等下屬的情緒變得愉快，或提到他擅長的領域時，便可小心地提出問題。主管要實踐積極聆聽，就是這麼困難，必須小心翼翼。

・假如對方是客戶

面對客戶時，請盡量思考能讓對方說出眞心話的問題。畢竟對客戶而言，提出自身的建議或想法幾乎沒有任何好處。

大部分的客戶，都會認爲：「爲什麼我非得針對這個產品或服務發表意見不可？」因此，我們必須先一邊應和客戶，一邊聽客戶說他想說的話，再慢慢發問，引導對方說出眞心話。**假如對話的氣氛變得愉快，便有可能直接切入核心問題**。

●假如對方是在上位者

聽上位者說話時，最理想的狀況就是讓對方心情愉快地說。當對方進入這種模式，我們便可以開始試探性地提問，**確認沒問題之後，即可在當下直接發問**。對方可能會告訴我們一些在其他狀況聽不到的寶貴消息，因此請謹愼地讓對話繼續。

唯一的例外是，某些年事已高或具有威權思想的人，可能會把提問視爲一種挑戰，若遇到這種狀況，請避免發問。話說回來，與這種對象接觸，不但耗費心神，又難以對話，一般人應該都會保持距離吧。但這種情形在歐美比較少見，原則上大家都會很樂意表達意見。

最後，許多人常問我：「該問什麼問題才好？」

關於這一點，請不必擔心。由於積極聆聽的關鍵在於認眞聽對方說話，再透過提問深入討論，因此如果有善用積極聆聽，絕對不會出現唐突的問題。

假如對方在討論公事時，突然說出「其實我昨天和先生／太太分居了」接著開始吐露煩惱，這種時候你的提問自然就會與該話題有關。畢竟對方是出於信任才願意傾訴的，請不用顧慮太多，讓對話自然發展下去卽可。

也許各位會擔心「這麼深入對方的隱私眞的好嗎？」、「對方事後會不會後悔？」、「自己事後會不會後悔？」但積極聆聽的主導權其實在對方。

我也常接受素昧平生的對象商量極爲重大的事情，而我會認爲這代表對方信任我，於是我會選擇正面接納對方的心情。

想做到溫和但直接地提問，關鍵就在於：

1. 將「有疑問就立刻提出」視為最大方針。

2. 對對方抱有關心與好奇心。
3. 在對方停下來的瞬間，立刻插入問題。
4. 假如對方給予正面的反應，便可繼續發問。
5. 假如對方的反應不佳，就暫時繼續專心聽。
6. 面對下屬時，必須等對方能不畏縮地繼續說下去，才能小心地發問。
7. 面對客戶時，必須盡量提出能讓對方說出真心話的問題。
8. 面對在上位者時，請盡量提出能讓對方保持愉快心情的問題。

在聽的同時深入追問

在聽的同時深入追問，效果非常好，但對不少人而言似乎頗有難度。我建議不妨試著從以下兩點進行改善：

平常就應保有高度的問題意識，隨時隨地收集資訊：除了與工作相關的主題外，平常也應該關注AI或自動駕駛的最新發展、性別平權議題、全球暖化議題、少子化的對策等各領域的問題，並活用關鍵字搜尋等服務，持續收集各類資訊。

千萬別因爲自己不感興趣就打退堂鼓，請保持對一切事物的好奇心，勤於查詢資料，不要嫌麻煩。換句話說，想培養自己擁有多元的視野，關鍵在於一個人是否擁有「**求知慾**」。

倘若實在提不起興趣，也完全不想了解，該怎麼辦呢？此時，請思考：

- 這個主題為什麼重要？
- 為什麼有那麼多人感興趣？
- 現在最熱門的話題是什麼？
- 這個主題是如何運作的？

如此一來，即使難以對該主題本身產生興趣，也可以爲了理解該產業或領域受到大衆矚目的理由，而產生動力。

對於特地為自己撥出時間的對方抱有強烈興趣：由於機會難得，我們應該展現出想聽對方道出一切的積極態度，將這段時間的價值發揮到極致。

只要能抱持上述心態，便不會錯過對方說出的重要資訊，確實鎖定並深入追問。

對方其實某種程度也是在測試我們，假如我們夠敏銳，展現出認眞的態度，讓對方覺得受到理解，便可能說出以往不曾對外透露的資訊。

也就是說，對方會在敍述的過程中拋出一些餌，或說提供我們一些能深入追問的機會。當然，假如我們根本沒發現，或認爲那不重要而不當一回事，就會失去機會。

讓我們用以下的例子來思考。

請試著思考，當我們與一位研發電動車的技術人員碰面時，可以深入追問哪些問題？假設我們知道「電動車」這個詞彙，對它也有興趣，但只具備一般常識，並沒有相關專業知識。

對方：「電動車是用電池和馬達取代汽油引擎來驅動的車輛。因為比較環保，前景相當被看好。」

第一次深入追問：「原來如此。電動車普及之後，空氣污染就會減少對吧？不過，假如電池的蓄電量不夠，是不是就不能長距離行駛？」

對方：「沒錯。不過，傳統汽油車也是一樣，現在到處都看得到加油站對吧？未來電動車也會朝這個方向發展。事實上，現在大都市週邊的充電站也正在慢慢增加。」

第二次深入追問：「不過，汽油可以在很短的時間內加滿，但電池也可以馬上充飽電、馬上出發嗎？」

對方：「好問題！你說的沒錯，現在充電站有兩種，一種是急速充電站，一種是直接交換電池的交換站。兩者各有利弊，目前還不知道哪一種會勝出。急速充電站對充電器、電池的負擔都很大，價格和耐久性是最大的課題，充電站的數量也待增加。而直接交換電池的交換站，雖然可以隨換隨走，但電池的保管方式和廢電池的安全性，都是必須解決的問題。兩者都很難達到完美。」

第三次深入追問：「原來是這樣啊。那急速充電大概要花多久時間呢？」

對方：「目前需要四十分鐘。可以趁充電喝咖啡，稍做休息。」

第四次深入追問：「四十分鐘啊。雖然不長，但汽油加滿只需要五分鐘，相較之下會有明顯落差呢。充電時間有沒有可能再縮短呢？」

對方：「當然。包括特斯拉在內的許多公司，在這一點上競爭相當激烈。電池電極等材料的進步以及新型態電池的發明，都有機會大幅縮短充電時間。當然，電池交換站也會出現類似的優勢。」

第五次深入追問：「真是有趣。新型態的電池很快就會問世了嗎？」

對方：「這要看材料的發展狀況。現在全球的材料研究人員與電池研究人員，都已經全心投入研發，我本身也對此抱有很高的期待。最早期的汽油引擎也是又大又不夠力，還會冒出許多煙，但正如我們所知道的，後來便有極大的進步。我相信在電池和電動車上，也會看見相同的發展。」

對話大概是這種感覺。我幾乎無時無刻都在實踐這種深入追問；每次遇到比我更了解該領域的專家，都會興奮地問個不停。

現在我想認識的是在演化、新藥探索、電動車、無人機、AI、太陽能發電、海水淡化、全球暖化、太空、依附障礙、發展障礙、人際溝通等領域的專家。接下來，我想舉一個更生活化的例子。

假設對方正爲得不到主管的回饋而煩惱。

對方：「我有一份報告下週要交，但主管卻不給我回饋，真傷腦筋。他每次都這樣。」

第一次深入追問：「原來如此。那份資料大概有幾頁？」

對方：「有四十頁，我做得很辛苦。那是一份針對新事業的企劃案，要是沒有主管的建議，一定很難順利過關。」

第二次深入追問：「真是辛苦你了。你沒有機會跟主管碰面嗎？」

對方：「有是有，可是我不想當面跟他說，所以還在等他回信。」

第三次深入追問：「有沒有可能把它列印出來，放在主管的桌上？」

對方：「我已經把檔案寄給他了，他只要看檔案就好了吧？好吧，我列印出來放在他桌上看看好了。」

第四次深入追問：「我想，你可以印一份完整的企劃書，再另外印出最重要的四、五頁，做成另一份，擺在完整版的上面。」

對方：「咦？有必要做到這樣嗎？那不是主管的工作嗎？」

第五次深入追問：「我覺得有點不一樣。請別人看資料時，為了不浪費對方時間，把資料整理得簡單明瞭再交給對方，我認為是理所當然。就算不是理所當然，你不覺得這麼做也比較聰明嗎？」

對方：「原來如此，我完全沒想到可以這麼做。我以為寄信給主管之後，接下來就都是主管的責任了。」

各位是否能抓到一點感覺了呢？想要在聽的同時深入追問，關鍵就在於：

1. 平常就具有高度的問題意識。
2. 盡量對各領域保持好奇心。
3. 一感到好奇就立刻動手查資料。
4. 有機會接觸專家時，只要時間許可，就盡量聽對方說，並當下發問。
5. 面對不感興趣的領域，請思考它為什麼如此重要。
6. 從特地為自己撥出時間的人身上找出感興趣的理由，或對他的價值觀抱持興趣。

適時整理對方所說的話

實踐積極聆聽的時候，若能偶爾整理一下對方所說的內容，效果會更好。請**當場整理並確認對方所說的重點**，例如：「所以你的意思是這樣對吧？」、「原來是這樣啊，眞令人吃驚。」

如果整理得當，對方將覺得受到理解，而願意愉快地繼續說下去，並對我們抱有好感，認爲我們是好溝通的人。

當然，萬一重點偏離了，對方則可能會懷疑我們的理解能力，看輕我們，因此必須抱著一決勝負的決心。

在談話前必須做足準備。假如對方有著作，必須全部讀過；部落格文章或媒體報導等相關資料，也必須盡可能看過；YouTube等平台的影片，也盡量全部看過一輪爲佳。

對方一定會感受到我們的態度，偶爾做整理時，也能確實地提升對方對我們

的好感。一旦產生信任，對方就會說出平常不會透露的事情，很多時候雙方還能成爲意氣相投的朋友，長久來往。

所謂「一期一會」的精神，就是認爲倘若錯失了這次機會，很可能就不會再遇到第二次。對方將會感受到這樣的心情。

想適時整理對方所說的話，關鍵就在於：

1. 在碰面之前，先看過對方的著作、相關報導與影片。
2. 認真聽對方說，若情況允許，請做筆記。
3. 時不時向對方確認「是這樣沒錯吧？」。
4. 抱著「一期一會」的心態與對方接觸。

若情況允許，請做筆記

聽對方說話時，請盡可能地做筆記。假如對方要求不要記錄，也請不要勉強。如果是像人事資料或財務資料等明顯不適合記錄的內容，也請不要記錄。除此之外，我建議大家在對話時盡量做筆記。

我習慣**把筆記寫在A4紙上。將一張A4紙橫放，分成左右兩邊，由上往下以條列的方式記錄；寫到左半邊最底部之後，再繼續從右半邊的最上方開始寫**。

另外，我會在最右側留下大約三公分的空白，將重要的關鍵字寫在這裡，並圈起來。這樣一來一眼就能看到，日後要確認重點時也比較方便。

不過，若是餐敘會議之類的場合，絕大多數的狀況都沒有足夠的空間可以攤開A4紙，就算攤開也太過顯目，因此我會把A4紙折成一半，放在桌上做筆記。但若是單純閒聊的場合，我就不會做筆記，因爲這樣會使對方神經緊繃。若觀察後發現做筆記會影響對方的說話方式或內容，就請避免。

做筆記時需要注意的是：

1. 不要縮減文字，盡量逐字記錄（可省略不影響文意的部分）

只要稍加注意，就能掌握筆記的訣竅。「那個～」、「呃～」、「也就是說～」等等，皆無須記錄，除此之外，原則上所有內容都必須記錄下來，且不要縮減文字。

2. 等對方說完才寫，就會來不及。請邊聽邊寫（試試看，你一定做得到）

一般人在做筆記的時候，通常是等對方全部講完，才動筆寫下摘要；但請各位不要這樣做。請在對方開始說話兩到三秒就開始記錄。鮮少有人說話時完全不間斷，因此絕對跟得上；熟練後，寫筆記的速度也會大幅提升。

3. 盡量字跡工整地做記錄，不要潦草紀錄（時間很充裕）

若因爲來不及而草草記錄，事後確認時在閱讀上會相當不便。請盡力用可辨識的字跡記錄。請放心，時間很充裕。我也經常用這種方式在白板上做筆記，習慣後便能得心應手。

4. 寫錯字時，盡量用修正帶修正

寫錯字當然在所難免，此時若劃線刪除，版面看起來會很凌亂，事後也會難以閱讀。我平常都會隨身攜帶修正帶，寫錯字時就用修正帶消除乾淨，再好好重寫一次。若是會議記錄，甚至可以直接影印或掃描，發給與會者。

5. 重要部分可劃底線註明，同時在右側寫下關鍵字並圈起來

寫完後，請立刻劃重點。這個步驟只需花上一到兩秒就能完成，事後閱讀起來也會更方便。此外，這也能幫助我們記住重點。更重要的關鍵字，或是當下聯想到；但尚待確認的單字，則請寫在Ａ４紙最右側三公分處，並圈起來。無論最後寫了幾張紙，擺在桌上時，重點也能一目了然。

6. 平時就有意識地加快寫字速度（下筆輕一些，速度便能加快）

平常就有意識地加快手寫速度，不但可以更順利地實踐A4筆記術，在寫白板或面談時也很有幫助。許多人認為用電腦盲打的速度比較快，但手寫時，可以在幾秒鐘就畫出簡單的圖，也可以應用在白板上，因此我比較推薦手寫。能快速盲打當然是一項優勢，兩者並用也很棒，但我想手寫方式應該永遠不會消失。手寫時必須注意兩點。第一是字跡必須保持某種程度的工整；不過不需要寫得非常漂亮，只要別人也看得懂，就算像小孩的字也無妨。第二，下筆輕一些，速度就能加快許多。

7. 使用幾乎不須出力就能寫字的水性筆

字要寫得快又漂亮，我建議使用水性筆。我從過去就一直使用「PILOT VCORN」，至今可能已貢獻好幾萬支的銷量了吧。我試過若使用自動鉛筆或傳統的原子筆，書寫的速度會慢三到四成，且比較容易累，因此我個人比較推薦使用水性筆來筆記。

理解．實踐檢核表

- □ 積極聆聽的基本是專心、認真地聽。
- □ 一有疑問就立刻提出，無須顧慮。
- □ 對方回答後，可以有禮貌地繼續追問。
- □ 適時整理對方說過的內容，確認自己的理解是否正確。
- □ 若情況允許，盡量逐字記錄。

A4筆記術的主題範例

- 如何才能專心聽對方說話？可以做什麼努力？
- 如何在不讓對方留下壞印象的前提下持續發問？
- 如何判斷什麼地方應該追問，什麼地方不用追問？
- 應該在什麼時間點整理對方說過的內容？
- 想一邊聽、一邊盡量逐字記錄，必須做什麼努力？

如何順利實踐積極聆聽

1. 如何才能100%實踐積極聆聽？

2. 該怎麼做，才能隨時對他人保持關心，認真聽對方說話？

3. 若想藉由接連提出適切的疑問，深入了解問題或找出解決方案，該怎麼做？

4. 該抱著什麼心態、展現出什麼態度，才能獲得對方的信賴？

CHAPTER 7

不同情境下的積極聆聽

一對一面談

一對一面談時，兩人的關係格外重要。因此以下我會使用幾種彼此關係來作切入點說明：

•若對方是下屬

大部分的狀況下，對方都會顯得畏縮，因此關鍵在於確實做到積極聆聽，尤其是「**在聽的同時適度提問，緩解對方的緊張**」，以避免造成更大的壓力。如果只是不發一語地聽，可能會對下屬帶來壓力，因此適時提出一些簡單的問題較爲理想。

此外，無論多麼認眞實踐積極聆聽，倘若自己本身的脾氣陰晴不定，下屬便容易提心吊膽，因此聰明的主管應該**保持情緒穩定**。說得更直接一點，也就是不把情緒帶入工作。因爲我們無法隱藏自己的情緒，而這又會給對方帶來無形的壓力，進一步影響溝通。

想保持穩定的情緒，可以透過A4筆記術寫下內容；若能從不同面向深入剖析，效果更好。例如，當面對「搞砸了事情而心情低落的下屬」時，可從以下幾種角度來思考：

- 為什麼不論提醒幾次，這個下屬還是會搞砸事情？
- 他進入這個團隊後，搞砸過哪些事情？
- 他是沒在聽別人說話，還是聽了就忘？
- 他的家庭環境、成長背景如何？
- 該如何幫助他累積各種微小的成功經驗？

•若對方是同事

對同事實踐積極聆聽，對方便會**更願意找你商量事情**。如此一來，便能**更輕鬆地收集各種資訊**，讓工作進行得更順利，進而帶來優異的成果。

當技術愈來愈熟練，形成良性循環後，「自己也想說些什麼」的心情就會漸漸消失，各位也將成爲積極聆聽的高手。

•若對方是主管

我在前一章提過，對主管實踐積極聆聽時，必須特別小心，不過站在**吸取主管智慧**的角度來看，積極聆聽可謂效果極佳。即使是難以取悅、惹人厭的主管，也會願意敞開心胸，對我們訴說。

對主管實踐積極聆聽時，爲了避免同事以爲我們在阿諛奉承，**必須同時對同事及下屬徹底實踐積極聆聽**。

•若對方是朋友

對朋友實踐積極聆聽，便能**成為團體裡的中心人物，大家會更願意找你商量事情**。開始實踐後，很快就能看見效果，請務必一試。

如前一章所說，實踐積極聆聽時，可能會被疑似有依附障礙，總是自我中心或喜歡「討拍」的人纏上；除非你眞的覺得對方很重要、必須幫助他，否則還是保持距離爲上策。這種狀況通常不是我們能應付的。

畢竟對方其實絲毫不在乎我們，因此我不建議各位給予同情。卽使對方是朋友，我們也必須展現出堅定的態度。一旦動搖，對方就會得寸進尺，請務必注意。

該如何分辨對方只是「討拍」，抑或眞的有煩惱呢？前者通常具有下列特徵：

- **抱怨連連，發言內容永遠都是負面的。**

- 看起來彷彿吃了很多苦，但其實心中永遠只有自己。
- 對別人漠不關心。
- 神情丕變。
- 情緒劇烈起伏。

●若對方是妻子或女朋友

積極聆聽中又以丈夫對妻子實踐積極聆聽的效果極佳，有極大的益處。就算自己也有話想說，原則上還是貫徹始終先聽對方說比較好。

使用積極聆聽後，對方通常會感到安心，因此無須擔心在這之後對方會做出什麼過分的要求，或是自顧自說個沒完。

當對象是女友時，效果也非常好，積極聆聽不僅可以增強彼此的關係，也能爲彼此帶來安全感。你不必擔心自己該硬擠出些什麼來說，對方想說的話其實很多，只需要你願意認眞聽，就能讓彼此的關係更緊密。

• 若對方是丈夫或男朋友

若情況允許，實踐積極聆聽當然很好，但假如對方因此而得寸進尺，滔滔不絕地說個不停，就請適可而止。因爲有時候男性反而不太懂得察言觀色，當自己講得很起勁時，可能會陷入無視他人的狀態，自顧自地沉浸在自己的言論中。

• 若對方是小孩

對小孩實踐積極聆聽，也會有極大的效果。相信許多家長爲孩子的教育傷腦筋，但其實光是聽孩子把話說完，孩子就會變得開朗，同時**湧現幹勁，更用功讀書，找到自己想做的事情**。

埼玉有個足球社團，在這裡練足球的孩子從小學一到六年級都有，每個年級的孩子及其家長加起來大約四十到五十人。我分別請各年級的學生和家長進行「零秒思考力」的A4筆記術，並對彼此坦承自己的想法。

透過這個活動，我發現每個年級的孩子幾乎都有相同的不滿：

「希望父母能多聽自己說話。」

「希望父母在聽自己說話時不要心不在焉。」

「希望父母可以把話聽完，不要老是打斷……」

孩子是很誠實的，若能對孩子徹底實踐積極聆聽，不但在親子關係上會有所助益，孩子也會變得更有自信，專注在他喜歡的事物上。

•若對方是父母

對父母實踐積極聆聽，對方會非常高興。不過，假如你的父母是所謂的「毒親（toxic parents）」，讓你有不愉快的經歷，那麼請不要勉強自己。這麼做可能會對自己的精神狀態造成負面影響，適時地保持距離也是愛自己的一種方法。

•若對方是客戶

面對客戶時，當然必須徹底實踐積極聆聽，了解對方眞正的需求與想法。若是難得碰面的客戶，請事先做好充分的準備。隨著技巧和態度不同，結果可能出現數倍之差。即使花費相同的時間和心力，有沒有採取積極聆聽收穫也會有天壤之別。

面對經常碰面的客戶時，有時會不小心失禮。客戶絕對不會毫無感覺，多年來的信用很可能毀於一旦，因此請務必留意。

•若對方是在上位者

無須猶豫，請徹底實踐積極聆聽。聽對方說話這件事本身很簡單，眞正的挑戰在於事前是否做足功課，以及是否能直接了當地提出適切的疑問。

如上所述，積極聆聽的步驟會因爲彼此的立場而有若干差異，愈快熟練愈好。雙方的關係、對方的心情、自己的技巧、彼此的立場等，都會造成極大的差異，請積極地多累積不同的經驗。

無論各位身處何處（國家、企業或組織），積極聆聽都是掌握、解決問題能力的基礎，更是身爲人應有的態度，一生受用。

原則永遠只有一個：不論在什麼狀況下，都必須對他人抱有高度興趣，誠心誠意地聽對方訴說，同時有禮貌地不斷直接提問，若能與對方意氣相投，在愉快的氣氛下結束面談，對下一次的對話將大有助益。

假如一次面談無法聽對方說完全部，請直接跟對方約下次面談，無須顧慮。如果雙方關係良好，對方想必會欣然接受。

想在一對一面談中順利實踐積極聆聽，關鍵就在於：

1. 避免讓下屬更畏縮。
2. 毫不遲疑地對同事實踐積極聆聽。
3. 面對主管時，必須小心謹慎地進行。

4. 對朋友實踐積極聆聽時，必須避開自我中心、喜歡「討拍」的人。

5. 積極聆聽在妻子、女朋友及小孩效果極佳，請徹底實踐。

6. 對丈夫或男朋友適度實踐即可。

7. 若父母不是「毒親」，便可貫徹積極聆聽。

8. 對客戶徹底實踐積極聆聽，掌握其真正的想法。

9. 面對在上位者時，必須做足準備再進行積極聆聽，並直接提問。

團體會議

團體會議可分爲以下兩種狀況：

・領導者與下屬開會時

實踐積極聆聽，可以逐一仔細聽完所有成員的想法，也可以只請有意見的人發言。在聽的同時，若有必要，可適時提問，深入討論。

進行時通常不會有什麼問題，請大方地實踐。

唯一需要注意的，就是不能讓發言的下屬感到壓力。有些人雖然在一對一面談時可以毫無忌憚地表達或回答問題，但倘若有其他人在場，**一旦被深入追問，便容易感到緊張，這一點請特別注意**。

換句話說，假如是一對一的面談，便可在對方敘述的過程中大膽提問；但若是一對多的會議，則必須謹慎一些。

・與同事開會時

假如同事都很熟悉積極聆聽，則可**針對彼此的發言提問，深入思考**，如此便能激盪出新點子，討論也會更熱烈。

在討論開發新產品或改善業務內容等議題時，通常只要拋出一句：「欸，你覺得這個點子怎麼樣？」大家就會開始表達意見，彼此踴躍提出疑問，發言者在回答問題的同時，也會更進一步思考，形成一場互動良好的會議，效率也會大幅提升。

當然，必須避免因為討論得太過熱烈，而只針對一個人發問，冷落了其他成員；這是唯一需要注意的地方。

假如成員當中有人不熟悉積極聆聽，請事先教對方如何積極聆聽。因爲會議中的其他人都實踐積極聆聽，使他能暢快地表達意見，然而他本人卻不好好聽別人說話，自己說個不停，反而會招人厭惡。

想在團體會議中順利實踐積極聆聽，關鍵就在於：

1. 與下屬開會時實踐積極聆聽，必須避免自己的提問對下屬造成壓力。
2. 不斷提出適切的問題，盡量鼓勵下屬發言，並促進其互動。
3. 實踐積極聆聽時，可拋出新問題、要求下屬輪流發言，或請有意見的下屬發言。

4. 與同事開會時，請實踐積極聆聽，無須想太多。彼此可盡情提出意見，深入討論。

5. 若有不熟悉積極聆聽的同事，請為他說明，加深其理解。

求職面試

以下分爲求才方與求職方兩種立場來說明：

•求才方

面試是積極聆聽最能發揮功效的場景，因爲求職者大多畏縮而拘謹。

請面帶微笑，親切地進行積極聆聽，盡量提出**能幫助準確判斷對方技能高低、經驗多寡與適不適合這份工作的問題**，讓對方順暢地回答。

面對冷靜沉著的求職者時，這更是好好問出對方長處與短處的好機會。具體的問題範例如下。

1. 目前為止，你最自豪的成功經驗是什麼？你對這份成功有什麼貢獻？你在團隊裡扮演什麼角色？最辛苦的部分是什麼？你是如何克服的？在經歷了這件事之後，你對人生或對別人的看法有什麼轉變？
2. 目前為止，你最慘痛的失敗經驗是什麼？你在這個經驗裡扮演什麼角色？失敗的原因是什麼？你做了哪些努力試圖挽救？在經歷了這件事之後，你對人生或對別人的看法有什麼轉變？
3. 目前為止，你覺得最難溝通的人是誰？在與對方溝通時，你下了哪些苦工？你為什麼覺得對方難溝通？你覺得對方有什麼感受？
4. 假如你的下屬很情緒化，你會怎麼應對？如果你的下屬能力很差，卻要求你多分派一些工作給他，你會怎麼辦？當下屬提不起幹勁時，你會怎麼替他打氣？下屬不主動做事，是最令人傷腦筋的，請問你覺得造成這種現象最大的原因是什麼？

5. 目前為止，你認為主管做出什麼行為讓你覺得最不合理？你當初是如何應對的？在那之後，你對主管的看法有什麼改變？你自己會是一個怎樣的主管？

6. 你比較常聽人說話，還是比較常自己發表意見？如果你把這個問題拿去問你認識的人，你覺得對方會怎麼說？

7. 你對成長的渴望強烈嗎？在什麼狀況下，你會想要更努力？在什麼狀況下，你比較難以努力？

8. 請舉出四～五個自己的優點，以及三～四個在自我成長上必須面對的課題。你打算如何解決這些課題？

請接連提出上述問題，透過積極聆聽，繼續深入追問。

面試的目的絕對不是威脅對方，因此必須細心且態度溫和地進行；不過對於平時沒有思考習慣的人而言，這些問題一時之間恐怕難以回答。

由於面試官需要於短時間內找出適合的人才，因此難免連續拋出好幾個無法輕鬆回答的問題，爲了避免對求職者造成壓迫感，發問時請盡量**對面試者展現出高度的興趣**，並且面帶微笑，讓求職方能有穩定的狀態回答，也能強化想來公司上班的正面連結。

・求職方

求職者的壓力勢必不小，一方面必須專注於確切地回答問題，一方面又要時刻注意面試官的表情語氣變化，這種時候請認眞聽面試官提出的問題，若有疑問可以立刻確認，如：「關於剛才的問題，我有一個地方想確認。請問您的意思是……嗎？」

假如有不懂的地方卻隨便回答，不僅無法確實回答到重點，更容易在面試官心中留下輕率的印象，請務必避免。

確切掌握問題的意思之後，請直接回答，不需要考慮鋪陳或開場白。假如想說的內容很多，可以先表示：「**我想說的一共有三點，請容我依序回答。**」再逐一說明。

在面試快結束時，若面試官問到：「有沒有什麼問題？」則可針對工作內容、職場氣氛、公司文化等提問，利用積極聆聽深入了解。認真聽對方說話的人，通常能帶給人好印象。

想在面試中實踐積極聆聽，關鍵就在於：

求才方

1. 求職者較容易緊張不安，請面帶笑容，親切地進行面試。
2. 準備問題列表，依序提問，並透過積極聆聽深入追問。
3. 多方留意，盡量讓求職者能毫無壓力地回答。

求職方

1. 對問題有疑問，就立刻確認。
2. 可以大方地運用積極聆聽，追問職場氣氛、公司文化等。

訪談、採訪

最適合實踐積極聆聽的，莫過於訪談與採訪了。

敲定訪談或採訪後，就必須做好萬全的準備。受訪者的著作、部落格文章、Facebook、LINE、Twitter、IG，以及網路上的報導、影片等，都必須看過，掌握內容。

盡可能蒐集資訊，整理出受訪者的價值觀、人生觀、目前正投入的事情，以及可能會告訴我們的事情。

在做好上述準備之後，接下來就是訪談時聽對方說話的態度了。自然、開朗、精神奕奕的態度以及整潔的外表，都能爲對方帶來良好的印象。

然而正如某些業務人員一般，開朗、活潑過頭，反而會讓人覺得輕浮，還請留意。

提問的時間點也很重要。請在適當的時機發問，絕對不可以隨意打斷對方的話。

必須格外注意的，就是**當「採訪者想問的問題」與「受訪者想說的話」之間出現落差的狀況**。

假如訪綱已在事前決定，則依序提問。最理想的狀況是對方能順著問題依序回答，但實際上受訪者往往會離題。此時，採訪者可能會不知道究竟該拉回原本的問題，還是讓對方繼續說下去。這種時候，我建議繼續聽對方說即可，因爲對方來到興頭上，將會主動娓娓而談。

若能適時穿插一些適切的問題，經常可以獲得受訪者在其他地方不曾透露的寶貴資訊。請在適當的地方點頭、應和，並深入追問。

假如對方身體不適或心情不好，導致訪談或採訪無法順利進行，反正也不會再糟了，請各位務必貫徹積極聆聽——認眞聽對方說，適時應和，並提出一些小問題。

換言之，也就是**完全配合對方，讓對方順著他的意思說**，而不是強制地請對方回答我們事先準備好的問題。如此一來，說不定對方的心情就會好轉，或是主動改日再接受採訪。

想在訪談或採訪時順利實踐積極聆聽，關鍵就在於：

1. 盡量收集對方的資訊，包括著作、部落格文章、Twitter等，並全部看過一遍。
2. 盡可能事先了解對方的價值觀與人生觀。
3. 透過自然、開朗、精神奕奕的態度以及整潔的外表，讓對方留下良好的印象。
4. 在不打斷對方的前提下適時提問。
5. 即使對方離題，也不必太在意，繼續聽下去即可。
6. 若過程不順利，更應貫徹積極聆聽，以利得到改日訪談的機會。

理解．實踐檢核表

- □ 一對一面談時，對對方抱有高度關心。事前做好準備，設法讓自己產生興趣。
- □ 團體會議時，確保所有成員都充分理解。
- □ 面試時，透過積極聆聽鼓勵求職者。
- □ 訪談、採訪時，設法讓對方願意主動侃侃而談。
- □ 與客戶面談時，展現出真誠的態度，引導對方說出真心話。

A4筆記術的主題範例

- 如何才能對對方產生高度興趣？在什麼狀況下才能做到？
- 如何在團體會議中確保每一個人都跟上？
- 在面試時最能激勵求職者的方法是什麼？
- 在訪談或採訪時，如何引導對方說出自己想知道的內容？
- 該如何讓客戶說出真心話？

如何在各種場合實踐積極聆聽

1. 在什麼狀況下比較容易實踐積極聆聽？

2. 在什麼狀況下比較難實踐積極聆聽？

3. 影響積極聆聽實踐難易度的因素是什麼？

4. 如何才能在難以實踐積極聆聽的時候，也順利實踐？

CHAPTER 8

培養「積極聆聽」成為溝通習慣

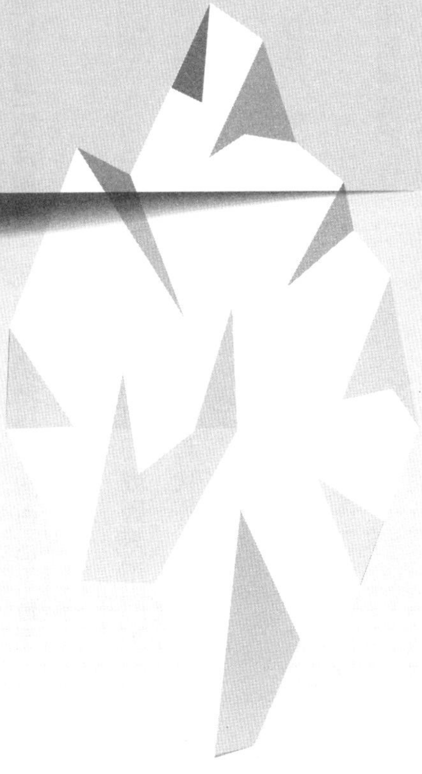

隨時提醒自己，直到熟練

積極聆聽並不難，只要願意嘗試，任誰都可以做到，因爲只需要輕鬆垂下雙肩，聽對方說話，並適時發問以加深理解即可。由於幾乎從頭到尾都只是在聽，因此不太需要花力氣。

不過這只是第一步，**積極聆聽是很深奧的，我們必須持續提醒自己，直到真正熟練**。

隨著對方的心情、雙方的關係、自己的立場、面談的目的等因素不同，該怎麼聽、身體是否該往前傾、提問的時機、頻率、內容、語調等，也都會有所差異。

在什麼情境下該怎麼做，無法一概而論，但我可以提供一些建議：

1. 出自真心關心對方，珍惜難得的緣份。

2. 想做到積極聆聽，第一件事就是專心聽對方說。

3. 當心中產生疑問時，不用遲疑，直接發問。

4. 每次發問時，都要觀察對方的情緒與興致。假如有所提升，就表示提問得當；假如沒有提升，就表示問題並不適切（也許晚點再發問比較好、或試著從其他角度切入更恰當）。

若能注意上述幾點，相信十之八九都能順利進行，請放心繼續實踐。一旦熟練，就能像呼吸一樣自然地進行積極聆聽，不過在熟練之前，必須隨時提醒自己。

想做到時時提醒自己，直到熟練，關鍵就在於：

1. 真心關心對方，反覆實踐積極聆聽。

2. 養成一感到興趣就立刻查資料的習慣。

3. 反覆利用A4筆記術思考什麼才是確切的問題。

4. 平時就注意保持外表乾乾淨淨，讓對方留下好印象。
5. 放鬆肩膀，以自然的心情實踐。

拋開「必須說些什麼」的想法

在對方好不容易願意開口的瞬間，許多人卻覺得自己若不說些什麼，場面會變得尷尬，於是忍不住搶先一步說話。這種狀況經常發生在面對下屬或有煩惱的對象時。

・面對下屬時

一般而言，下屬的心態總是比較謹慎或容易想太多，因此在職場上下關係中，可能很難避免。無論下屬表現得多麼無所謂，心底往往仍思索著：

- 我「應該」對主管說什麼？
- 我「不應該」對主管說什麼？
- 我可以對主管敞開心胸到什麼地步？

因爲自己職涯的生殺大權掌握在主管手中，下屬談話的應對進退會不自然也是難免的。

奇妙的是，即使是才剛升上主管不久的人，**往往也會忘記自己在當下屬時的這種心情和煩惱**，馬上變得和自己以前的主管一個樣。作爲下屬時的心情，似乎很容易被忘記。

• 面對有煩惱的對象時

心中有煩惱的人，通常會不停思索：

- 找人商量這件事真的好嗎？

- 我該從哪裡開始講起？
- 對方能理解我嗎？
- 對方會不會覺得我是個怪人？
- 對方會不會討厭我？
- 對方會不會把這件事情說出去，害我丟臉？

因此本來就不容易開口。有時已經起了頭，卻立刻感到後悔，於是不知所措，遲遲無法繼續說下去。

換言之，**有煩惱的人無法暢所欲言，是很正常的現象**。

耐心地等待對方傾訴

會覺得「自己必須說些什麼」、「再沉默下去會很尷尬」，其實都是我們有所誤會、想太多了，事實絕非如此。

十秒也好，二十秒也好，我們只要靜靜地等對方開口即可。如此一來，無論是多麼不擅表達的人，也會開始說話。對方會想辦法擠出隻字片語，我們只需要專注地聽。總之，**只要耐心等候就好**。

請保持自然的態度，從容地等對方自己開口；若流露出急躁的情緒，將會讓對方更緊張。

然而，許多人總是連三秒都等不了，就急著開始說話。願意等五秒的人已經算好了（請各位測試看看，可以請身邊的人幫你計時）。

這種人通常在發問之後，又緊接著說：

• 「啊，然後這個啊……」
• 「唉，我知道這很難啦，不過我吼……」
• 「我是覺得啦……」

導致對方根本沒有開口的機會。

如此一來，就算對方有意願，也沒有機會說出來。不只是下屬或有煩惱的人，對於生性內向寡言的人來說，主動開口也相當不容易。

對方聽到問題後，都已經開始整理自己的想法，準備說出來了，倘若發問的人一點也不願意等待，緊接著又繼續發言，便會讓對方覺得「你根本不是真心想聽我說嘛」。如此一來，對方便可能打消說話的念頭，更遑論吐露真心話了。

等待超過十秒，確實會令人感到不自在，但我建議各位試著換個想法，輕鬆以對。我們不是要等一分鐘或三分鐘，而是短短的十秒鐘，會議或對談完全不會因此而延遲。

之所以無法耐心等待對方開口，大致有以下幾點原因。

首先是發問的人打從一開始就不是眞心想聽對方的意見，發問只是做做樣子而已。這種狀況常出現在主管身上，不過當然也有其他例子。總是自顧自說個不停的人，往往可歸於此類。

有些人的心態則是：如果對方有意見，會想聽聽看，但其實並沒有抱太大的期待。這種狀況也經常在主管身上看見。

第三種人是：雖然眞心想知道對方的意見，但對方卻沒有立刻回答，沒辦法只好自己繼續說了。這通常是重視效率、沒有耐心的人。

而毫無惡意，只是單純因爲性情急躁而搶話講的人，應該也不在少數。

假如各位沒有惡意，就請務必耐心等待。「必須說點什麼才行」的想法，也許只是一個沒有意義的習慣罷了。

此時，最重要的就是**提醒自己忍耐，不可以在心裡想「趕快講啦」**。這種心情一定會顯露在表情或動作上，讓對方感到慌張，因此請耐心等待。只不過二十至三十秒而已。

而且，即使是不擅說話的人，也只有一開始需要等。只要對方開始說，而我們也確實地實踐積極聆聽，對方就會繼續說下去了。

最後，假如對方沉默了數十秒仍不發一語，代表積極聆聽可能派不上用場。此時，也許可以推薦對方運用Ａ４筆記術，釐清自己的想法。

- 是腦中有想法，但不知道該怎麼說嗎？
- 當下是否腦中一片空白，沒有任何想法？
- 因為有太多想法，導致思緒太混亂了嗎？
- 陷入了進退兩難的狀態，害怕動輒得咎？

想避免「非得說些什麼不可」的想法，關鍵就在於：

1. 請理解一般人都無法即刻回答，請放鬆心情，耐心等待。

2. 放鬆雙肩，等十到二十秒。
3. 用A4筆記術寫下自己當下屬時的心情。
4. 回想自己當下屬時的心情。
5. 理解說不出話是很正常的。
6. 不可以在心裡催促對方，必須忍住，耐心等待。

只要別太緊繃，便很容易做

積極聆聽並不是什麼很困難的技巧，只要對別人的想法有興趣，自然就會想多聽一些。也就是說，只要**保持自然的態度**，**放鬆心情**，**任誰都能做到**。那種感覺，就像我們去泡溫泉時，會在池裡伸展四肢、放鬆全身一樣。

不過，許多人平常總是不聽別人說話，而喜歡自己講個不停。爲什麼會有這種情形呢？

我想，也許是因爲想擺架子、想顯示自己的地位高高在上、想趁機好好教訓對方一頓，或是對對方不感興趣，才會做出這種不自然的舉動。

- **想擺架子？想顯示自己的地位高高在上？**

↓很可能是因為極度欠缺自信，想要虛張聲勢，所以才會急著掌控話語權。

- **想趁機好好教訓對方一頓？**

↓想想自己是不是因為對方的某些舉動，觸發自己某些內心陰影，因此會忍不住想藉由對話時來訓誡對方。

- **對對方不感興趣**

↓為什麼會對一個正在自己面前、準備對自己說話的人毫無興趣呢？是因為根本不想跟對方交談，還是從本質上就厭惡與對方接觸呢？這種時候建議你可以換個角度，把對方當作「觀察對象」再試著交流看看。

假如各位並非上述狀況，請務必以自然的態度面對他人。**和人對話並不是在打仗**。想避免太緊繃，關鍵就在於：

1. 以自然的態度面對對方。
2. 拋開想擺架子或顯示自己高高在上之類的念頭。
3. 告訴自己，和人對話並不是在打仗，聽對方說話並不會有什麼損失。

呼朋引伴，彼此提醒

話雖如此，**現實中能做到積極聆聽的，五個人裡面可能連一個都不到**。有的人會假裝聽別人說話，有的人發問的目的是爲了取笑、調侃對方，眞正實踐積極聆聽的人少之又少。

尤其是身為主管的人，幾乎不聽下屬說話。就算聽了，也只會質問對方為什麼不順利，或是帶著斥責的語氣說：「我倒是想聽聽你有什麼高見」，因此下屬根本不可能好好表達。

即使狀況沒這麼嚴重，主管也多多少少會帶給對方一些壓迫感，因此下屬通常都會揣摩上意，說起話來分外謹慎。儘管主管沒有惡意，甚至可說已經盡量注意了，卻還是無法順利對話。

想解決上述情況，最好的方法，或許是找幾位夥伴互相提醒。

例如，在職場上，若能由幾名位置較近的課長說好一起實踐積極聆聽，並彼此提醒，將會有很好的效果。因為當事人有沒有太常責備下屬，或是自以為做到了積極聆聽，實際上卻還是自己講個不停，坐在附近的夥伴都能清楚看見，因此可以提供許多回饋。

就算沒有跟自己地位相等的夥伴，只要下定決心實踐積極聆聽，亦可拜託比較熟的同事、朋友或家人幫忙觀察：

- 是否做到專心聽別人說話。
- 是否在別人說話前耐心等候二十至三十秒。
- 在等待時是否給對方帶來壓力。

在我多年來協助許多企業進行思想、行動改革的過程中，積極聆聽永遠都是重要的主題之一。這些改革與積極聆聽密不可分。

有趣的是，我發現**一個人單獨實踐積極聆聽，常常成效不彰，但若是請旁人提供回饋**，便能立刻收效。換言之，夥伴是相當有幫助的。

想呼朋引伴，彼此提醒，關鍵就在於：

1. 找幾位職場上地位相當的同事，彼此回饋實踐積極聆聽的狀況。
2. 拜託熟悉的同事、朋友或家人，請對方回饋自己實踐積極聆聽的狀況。
3. 理解積極聆聽其實很簡單，問題在於要不要實踐。
4. 與身邊的人分享積極聆聽的實踐成果，召集更多夥伴。

愉快的成功經驗將成爲持續的動力

當我們可以熟練地做到積極聆聽後，對方的態度與神情都會出現極大的改變，而且改變來得比你想像還要快。

下屬將變得開朗有活力，主動表達更多意見，不再畏縮膽怯。原本看起來沉默寡言、不好溝通或可能不信任我們的人，也會願意侃侃而談。

儘管內心驚訝：「咦？對方怎麼會願意說這麼多？」這個成功經驗確實令人感到快樂。

令人快樂的事情很多，例如看綜藝節目很快樂，做自己喜歡的事情也很快樂。不過，我認爲與他人建立良好的關係，看見對方露出開朗的表情，正是最快樂的事情之一。

此時應該也會分泌俗稱「幸福荷爾蒙」的催產素（Oxytocin）吧。因此，剛開始或許會有點猶豫，然而只要體驗過一次這種感受，相信各位一定能持續實踐積極聆聽，完全不以爲苦。

換言之，這就像脫下鞋子，涉水走過幾公尺寬的小河一樣，並不需要多大的勇氣，只是稍微改變一下自己以往的說話方式，不要自顧自地說個不停，而是認眞地聽對方說，有不懂的地方就提問，如此而已。這是很自然的事情。**不過，假如完全不發問，從頭到尾默默地聽對方說，反而會帶給對方強烈的壓迫感，因此請務必帶著笑容提出疑問。**

如此一來，主管便無須煩惱怎麼管理，下屬也能確實地做好工作，領導能力更會受到旁人稱讚。訪談或採訪也能順利進行。

每個人關於人際關係的煩惱都會減少，相對地，喜歡自己、信賴自己的人則會愈來愈多，遭到排擠的負面經驗也會愈來愈少。

各位將不再缺乏自信，不知不覺漸漸變得充滿活力。

你將打從心底感受到聽人說話是件快樂、美好的事，甚至懊惱自己爲什麼沒有早一點開始實踐積極聆聽。

想透過愉快的成功經驗幫助自己持續實踐，關鍵就在於：

1. 感受聽人說話時的喜悅。
2. 多與人分享成功經驗。
3. 邀請更多人一起實踐。
4. 改善積極聆聽的方式，愉快地觀察對方各種正面的變化。

理解．實踐檢核表

- □ 毫不猶豫地持續實踐積極聆聽，直到熟練。
- □ 即使對方陷入沉默也無須在意，靜靜等候幾十秒。
- □ 輕輕垂下雙肩，以輕鬆自然的態度發問。
- □ 找幾位夥伴一起實行積極聆聽，請對方提醒自己是否確實做到積極聆聽。
- □ 及早建立成功經驗，幫助自己養成習慣。

A4筆記術的主題範例

- 如何持續實踐積極聆聽，直到熟練？
- 如何做到即使對方30秒不說話，也能耐心等待？
- 如何讓自己在放鬆的狀態下實踐積極聆聽？
- 當同事沒有做到積極聆聽，應該如何提醒他？
- 透過積極聆聽可以獲得哪些成功經驗？

如何學會積極聆聽

1. 在什麼情況下可以自然地進行積極聆聽？

2. 這種情況和一般情況有何不同？

3. 對我來說，什麼是「最自然的狀態」？

4. 如何隨時保持最自然的狀態？

CHAPTER 9

透過角色扮演，設身處地了解對方的立場

換個立場看見溝通盲區

每個人都同時扮演各種不同的角色，例如職場上的主管、下屬、同事，家庭中的長輩、兒女，親密關係間的丈夫、妻子、男朋友、女朋友，以及學校間的前輩、後進等等。當我們身處在自己的角色中，難免會從自己的立場來思考，儘管我們也會有「替別人著想」的心情，可是當我們不完全進入對方的角色中，「別人」的個中滋味，我們終究難以體會。

積極聆聽中很重要的就是同理，然而因為立場的關係，有時候即便我們想使用或已經使用了積極聆聽，還是會出現難以認同對方的情形。這種時候先練習換位思考，就能將待人接物的視野加寬，在使用積極聆聽後也能發揮更好的效果。

在我的經驗中，當你遇到溝通難以突破時，換位思考往往能帶來不一樣的切入點，其中又以下列幾種情境，我特別推薦大家嘗試換位思考：

•身為主管時

身爲主管的人，往往不理解下屬的心情。即使自己幾個月前也還是一般員工，一旦升職後就立刻忘記自己在當下屬時的心情。或許是覺得自己高人一等了吧，儘管自己仍隸屬某上級長官之下，卻也照樣無法體恤下屬的心情。

我們常常可以觀察到，對主管卑躬屈膝的人，**對下屬卻非常傲慢，彷彿他們的想法和言行舉止都是由立場決定的一般**。很遺憾，每個人多多少少都會有這種心態。

如果各位認爲「傲慢」這個字眼太嚴重，那麼換成「盛氣凌人」、「態度有些狂妄自大」、「開始常用上對下的態度待人」、「不聽下屬說話」等敍述，各位或許就會發現「自己好像偶爾也會這樣」。

即使自己不覺得「傲慢」，事實上那些行爲就是傲慢的展現，而且可能遠不止「偶爾」才表現出來。

・開發新客戶時

假設我們在開發新客戶時，約好與對方老闆見面。我們固然希望對方購買我們的產品，但對方老闆會怎麼想、怎麼判斷、怎麼決定，卻難以預測。畢竟客戶會有自己的考量，若我們只從「想賣東西給對方」的角度思考，想必有其侷限性，很難具體掌握對方的立場與想法。

・夫妻、男女朋友

丈夫不能體會妻子的心情，妻子也不了解丈夫的想法；雙方可能都會互相猜測彼此的心意，甚至也開口問過對方，但仍無法得知對方是否有說出眞心話。即使一方說出眞心話，另一方能不能理解，又是另一個問題。

如上所述，每個人都會根據自己的立場、角色來看事情，據此做出判斷或採取行動。

因此，**假如能夠換個立場，我們將會有許多新發現**，不但視野變得更開闊，感受與行動也都會有所不同。

最好的方法，就是**進行「角色扮演」，換個立場和角色，展開幾分鐘的對話**。透過角色扮演，我們可以在一瞬間確認不同立場的人有哪些感受，這樣一來就能解開彼此的心結，更順利溝通。

想換個立場，讓自己看見更多，關鍵就在於：

1. 養成站在對方立場思考的習慣。
2. 當對方變得情緒化時，試著同理對方的心情。
3. 私下獨自試著用和對方一樣的聲調，說出對方講過的話。
4. 假如光用頭腦想，可能會不夠具體或變得光說不練，因此請用A4筆記寫下來幫助思考。
5. 拜託同事或朋友，實際進行角色扮演。

透過換位同理，消彌隔閡

角色扮演的好處，就是**再固執的人，都能在進行角色扮演的瞬間有所發現**。而且這並不是被人說服，而是本人自己察覺的。

以我的經驗為例，有一位六十多歲的零售業老闆，平時自信滿滿，看起來頗為固執。我請他和一位負責在該地區跑業務的二十多歲下屬互換立場，進行了角色扮演，結束後，老闆立刻表示：「我現在總算知道他為什麼總是畏畏縮縮，沒有衝勁了。」

從他的態度看來，我想他可能從沒認眞聽下屬說過話，就算下屬提出了意見，他可能也不願意改變吧。此外，他也很可能一直以來都對下屬頤指氣使。看見業績沒有成長，他大概也沒有找熟悉第一線的下屬來了解狀況，或不曾親自到現場巡視，只是一味地對下屬破口大罵吧。

在這種情況下，下屬喪失幹勁可說是無可厚非，然而老闆卻自始自終都無法理解其中原由，長期爲此苦惱。這種職場關係的惡性循環絕非特例，所幸即使是上述的老闆，也可以透過角色扮演而立刻醒悟。

正因爲角色扮演並非用言語來說服人，因此就算是永遠只相信自己、對別人的意見充耳不聞、固執地堅信某些信條的人，也能明顯察覺一些事情。

請各位務必一試。

想讓固執無比的人也能瞬間有所察覺，關鍵就在於：

1. 若試圖以言語說明，對方會更固執，因此必須思考其他方法。
2. 將角色扮演納入員工訓練的項目中，讓老闆也能有機會察覺。
3. 當對方發現了什麼，請誠心替他高興，不可嘲諷對方。
4. 當老闆透過角色扮演而開始有所察覺，請進一步建議他積極聆聽的使用方式。

三個人十五分鐘的角色扮演練習

我在協助各大企業的過程中，發現角色扮演是一種便於實施、效果又好的方法，於是多年來不斷調整。起初必須花十五分鐘左右，後來時間愈來愈短，現在**只需三分鐘的角色扮演與兩分鐘的回饋，便能看見成效**。

我想這應該是全世界角色扮演活動中最短的方式（有些主題甚至只需進行兩分鐘的角色扮演）。

・角色扮演的進行方式

自己、對方、觀察者等三人圍成一個小圓圈坐下。

決定角色扮演的主題（如「主管對下屬實踐積極聆聽」、「首次向目標客戶的老闆進行推銷」、「爲無精打采的下屬打氣」等），根據主題分配兩人的角色（例如主管與下屬。第三個人則擔任觀察者，從旁觀察角色扮演的進行，並在三分鐘後給予回饋）。

根據主題，設定三個常見的場景（例如，如果是主管對下屬實踐積極聆聽，則可設定「場景一：下屬顯得畏縮」、「場景二：下屬自信過剩」、「場景三：下屬很怕主管」等）。

第一次進行時，建議依照以下的模式進行：

- **自己扮演主管。**
- **對方扮演下屬。**
- **第三人擔任觀察者。**

首先必須決定場景，假設我們挑選的是場景二。

扮演下屬的人需表現出自信過剩的言行舉止，而我們則對他進行三分鐘的積極聆聽。**三分鐘過後，便是二分鐘的回饋時間**。

在回饋時，依序由觀察者、扮演下屬的人、扮演主管的人**發表感想與自己的新發現，共計二分鐘**。觀察者必須觀察整整三分鐘，過程中請務必將察覺到的地方寫下來，否則非常容易忘記。

第一輪結束後，三人以順時針方向換位子，由下一個人扮演主管、下屬和觀察者。第二輪結束後，再以順時針方向換位子。

每一輪的時間為三分鐘＋二分鐘＝五分鐘，因此只需要十五分鐘便可完成三輪，三個人也都扮演了三種角色。

主管對下屬實踐積極聆聽

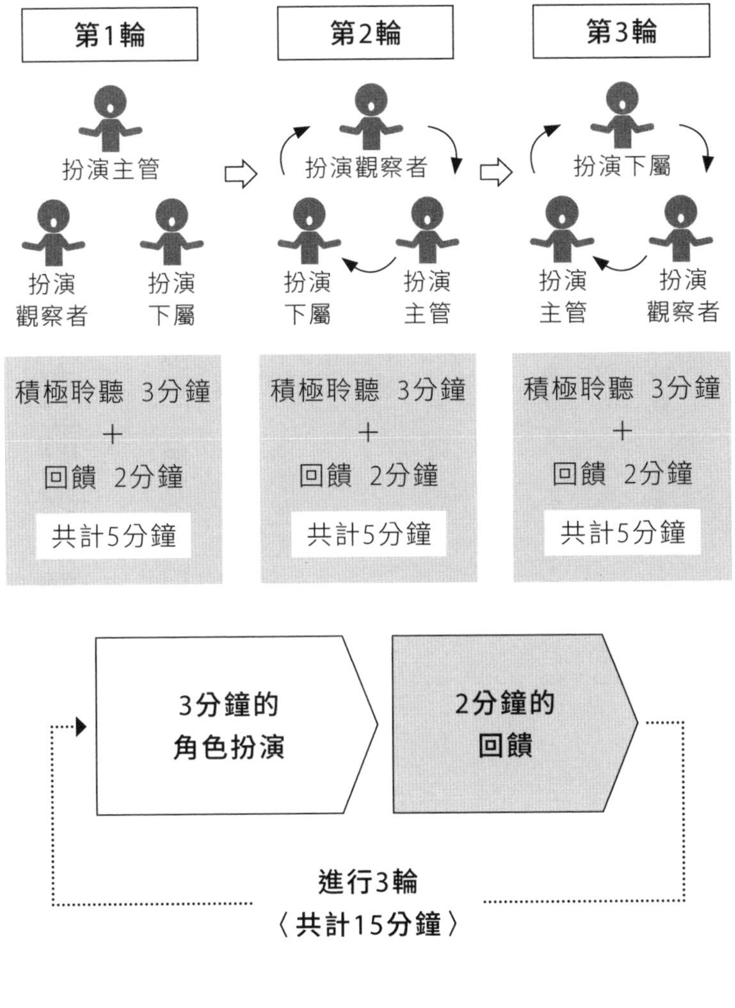

透過不同立場，可以有許多新發現

角色扮演能帶給我們許多新發現。儘管一般的主管，應該多多少少會聽下屬說話。但是透過角色扮演卻能讓主管體會到不同角色設定下，下屬的爲難之處，藉由這樣的表現方式，主管不僅能感受下屬的眞實心境，日後也更能體恤下屬的不容易。

選擇由主管實踐積極聆聽的主題時，若能以下列三種場景來進行角色扮演，便能有更多新發現。

「場景一：主管單方面一直發表意見，不聽下屬說話」

「場景二：主管嚴重偏心，只聽自己中意的下屬說話」

「場景三：主管非常擅長積極聆聽，經常聽下屬說話」

•若由主管來「扮演主管」

•選擇「場景一」時，會感受到：「原來不聽下屬說話的主管，是這種感覺啊。我有些擔任主管的同事也是這樣，我本來無法理解他們的心態，想來他們也是很辛苦才會這樣吧」。

•選擇「場景二」時，會覺得：「我本來還不相信有人會偏心到只聽自己喜歡的下屬說話，原來是這種感覺啊。也許他們是因為感到寂寞，才做出這種行為吧」。

•選擇「場景三」時，則會發現：「我本來以為自己已經算是很願意聽下屬說話的了，沒想到眞正貫徹實踐積極聆聽，會讓下屬的態度截然不同啊。這樣做效果眞的比較好呢」。

•若由主管來「扮演下屬」

會感受到：

「原來聽主管單方面講個不停，會讓人覺得不被尊重又很受不了啊」、「被這種主管討厭，除了離職，好像也沒辦法了。話說回來，就算深受主管喜愛，想必也像是被緊緊束縛著，喘不過氣吧」、「講話時對方認眞聽，而且能安心跟對方討論，讓人心情眞好」等等。

•若由主管來「扮演觀察者」

會察覺：

「總是單方面說個不停的主管，原來這麼難受啊。可能是因爲他缺乏聽人說話的自信，要是不自己一直說，或許會很難自處吧」、「會偏心的主管，一定從學生時代就是個被大家排擠的討厭鬼吧。到底爲什麼要這麼討厭下屬呢？下屬明明沒有什麼威脅，會做出這種反應，心理狀態可能有問題吧？」、「如果能確實做到積極聆聽，下屬的神情一瞬間就會改變，眞是神奇。雖然只是角色扮演，但看到對方的表情豁然開朗，我還是嚇了一跳」等等。

關於觀察者

各位或許以爲觀察者彷彿隨處都是，但其實不然，在現實社會中幾乎是零。因爲絕大多數的職場並沒有從旁觀察主管和下屬的對話，並在結束後給予回饋的角色。

假如身爲下屬，在不知道自己什麼時候會被波及的狀態下，是無法客觀地觀察的。此外，當主管和下屬對話結束後，也不可能給主管或下屬回饋。

即使與主管同等位階的人，也很難從旁觀察其他部門的主管和下屬對話，並在事後給予回饋。可以想像結果八成是被該主管罵：「你以爲你是誰啊？管好你自己的部門就好！」當然，若是受人之託，則另當別論。不過，一般人如果自己也沒有自信做好，應該也不太敢給別人意見才是。

爲什麼三分鐘最理想？

最後，我想說明爲什麼短短的三分鐘能察覺很多事情，而且是最理想的角色扮演時間。進行角色扮演時，許多人在轉換立場的瞬間，便能感受到：「啊，原來如此，眞的是這樣沒錯呢」、「原來站在這個立場會有這種感覺，看起事情來是這樣啊」。

無論是「自我中心的頑固主管」、「畏畏縮縮的下屬」或「從不想聽妻子講話的丈夫」，**當扮演別人的角色時，都會立刻感同身受，十分奇妙**。

我想這是因爲當大家投入對方的角色中，看事情的角度也會跟著轉換，因此即使是短短的三分鐘內也能有很大的觸動與改變。在因爲角色扮演觸及人心的瞬間，我們會開始省思自己過去的行爲，這樣就已經達到我們希望的效果及目的。而角色扮演的重點正是進入對方的立場，引發我們體會對方在現實情境的難處，因此三分鐘就足夠也是最合宜的時間。

也許有的人會認爲，若扮演者本身是很堅持己見或是難以動搖的類型，三分鐘根本無法讓對方有任何體悟吧。有趣的是，當我實際請一位貌似自我中心的頑固主管扮演「自我中心的頑固主管」時，對方通常也會有許多新發現。或許這就是所謂的「他山之石，可以攻錯」吧。

透過三個人總計十五分鐘的角色扮演，大家會在不知不覺中發現，卽使理智上覺得自己不會也不應該這麼做，甚至一直以來都認爲自己有在盡量避免，但實際上自己正是那位使團隊溝通備受阻礙的頭痛來源。緊接著才意識到：「不妙！我本來做人是不是有點糟糕？」

想由自己、對方及觀察者等三人順利進行角色扮演，關鍵就在於：

1. 一瞬間融入該角色。
2. 故意用誇張的表情、臺詞和態度來演出。
3. 順著自己心中自然湧現的情緒，用感性而非理性與對方對話。
4. 回饋時，如實說出所有的想法

角色扮演的效果

進行角色扮演時，**只需十五分鐘，便能讓所有與會者輪流經歷三種立場，拓展視野**。

與會者可以藉此了解：積極聆聽是什麼？學會積極聆聽有什麼好處？實踐與不實踐積極聆聽時，感受有什麼不同？聽對方自顧自講個不停時，心情會是如何？

個性固執或優柔寡斷的人，也會藉由在不同場景中扮演其他角色，而察覺本來以爲自己做不到的事，似乎也不需要那麼裹足不前；藉由實踐積極聆聽，發現自己一直以來的態度帶給對方什麼樣的影響；藉由擔任觀察者，掌握以第三者的角度客觀來看，自己一直以來的態度是什麼。

而原以爲已經做到積極聆聽的人，也將赫然發現自己不如想像中熟練，並明白怎麼做效果會更好；在擔任觀察者時，則會對人的情緒與理想的溝通方式有一番新的體認。

僅需十五分鐘就能完成的角色扮演，能讓人透過親身體驗去感受、察覺，而不是講道理，因此效果極佳，是一種在必須改變行為時不可或缺的活動。此外，角色扮演只需三個人就能進行，**且沒有人數上的限制**。

我曾在印度和日本的三百人集會上，將與會者分成三人一組，共計一百組，同時進行角色扮演活動。

想讓角色扮演的效果更好，關鍵就在於：

1. 用十五分鐘進行三輪之後，再換其他場景，便能有更多發現。
2. 盡量把比較固執、平時不太合群的人拉進來，一起進行角色扮演。
3. 站在觀察者的立場，客觀地檢視自己。
4. 分別從主管與下屬的立場徹底檢視自己一直以來的言行舉止。

只需準備五分鐘，就能進行角色扮演

角色扮演的準備時間只需五分鐘。只要：

1. 決定想達成什麼目的。
2. 決定自己與對方要扮演的角色。
3. 準備三個可能的場景。

例如：

1. 決定想達成什麼目的

↓目的是釐清「當自己與下屬的關係有點尷尬的時候，該如何進行積極聆聽？」。

2. 決定自己與對方要扮演的角色

↓自己扮演主管，對方扮演下屬。

3. 準備三個可能的場景

↓「場景一：下屬對自己缺乏自信」。

↓「場景二：下屬跟前主管關係很差，因此顯得有些畏縮」

↓「場景三：以前曾經大聲斥責過下屬」

只要決定上述內容，便可立刻開始進行角色扮演。**熟練之後，準備時間可能用不到五分鐘**。

此外，有關角色扮演中的「對話主題」，若能依照以下設定自由選擇，便不會有問題。想談論什麼主題，請當場決定。

例如：

「你最近工作進度好像有點慢，還好嗎？」
「你最近看起來好像有點無精打采，有什麼煩惱嗎？」
「你手上的工作完成後，我接下來想請你做這個，你覺得呢？」

另外，在遇到：

「最近脾氣很暴躁的主管說他下午三點想找我談談。」
「意外約到客戶的老闆在午休後進行面談。」
「明天必須向主管報告一件複雜的事情。」

面對以上幾種情境，若能即刻實踐角色扮演，成效會非常好。此時只需決定可能出現的場景，就能立刻開始進行。

在新進員工訓練、管理階層訓練、執行董事培育講座等各種活動中，皆可實施角色扮演。

想花五分鐘做好角色扮演的準備，關鍵就在於：

1. 平時多留意在實踐積極聆聽時遇到的困難。
2. 一有機會就記下當雙方關係尷尬時可能出現的場景，做成列表。
3. 準備角色扮演用的空白模板，以便立刻填入目的、角色與場景。
4. 慢慢推廣，在公司內增加可以立刻準備角色扮演的夥伴。

理解．實踐檢核表

□ 決定各種不同立場的角色扮演，視情況實施。

□ 邀請個性固執、堅持己見的人參加角色扮演，讓對方有機會察覺。

□ 體驗三種不同的立場，在短時間內拓展視野。

□ 只需進行三分鐘，回饋二分鐘，便足夠令人有所發現。

□ 若有必要，可立刻準備、實行角色扮演。

A4筆記術的主題範例

- 實際體驗角色扮演後，最大的發現是什麼？
- 爲什麼角色扮演可以讓我們在這麼短的時間裡有所洞察？
- 實施角色扮演時，有哪些地方需要注意？
- 如何在角色扮演中確實融入角色？
- 除了積極聆聽之外，角色扮演還能對哪些地方有所助益？

如何體會對方的立場

1. 過去有沒有站在不同立場看事情的經驗？

2. 站在不同立場來看事情，爲什麼能對想法帶來刺激？

3. 永遠只站在同一個立場，有什麼壞處？

4. 未來還想嘗試什麼樣的角色扮演？

CHAPTER 10

透過正向回饋提升效果

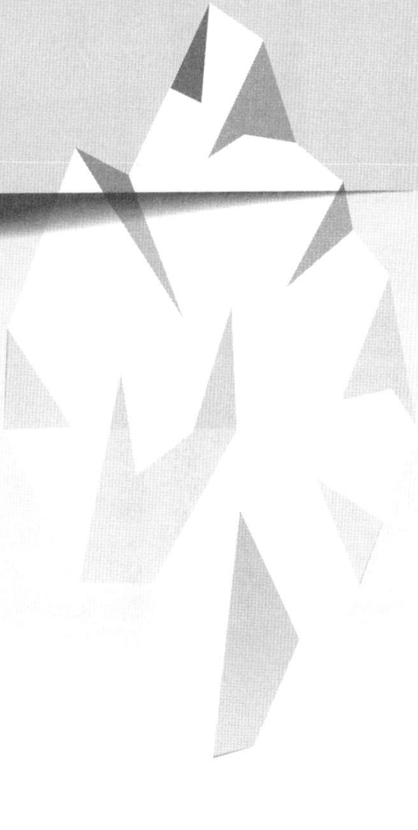

誇獎與感謝

有一個方法能讓我們在實踐積極聆聽的同時，大幅改善人際關係——那就是**正向回饋**（Positive Feedback，無論在任何情境下都肯定對方、表達感謝之意等等）所謂正向回饋，就是一種以開朗、正向的態度與他人對話，使溝通更順暢的方法。

當自己心情煩躁，或對方做出一些令人不悅的舉動時，我們難免會脫口說出一些否定對方的負面言論。然而這種行為只會降低對方的動機、使對方心情更低落，甚至讓對方感到厭煩而逃避或討厭自己，沒有任何好處。

正向回饋可以根絕上述問題，而且任誰都能立刻感受到效果。若能和積極聆聽同時實踐，更**能使積極聆聽進行得更順利**，可說是能在短時間內大幅提升信賴關係的第二把魔杖。

根據雙方關係的不同，方法也稍有差異。

• 當下屬獲得優異的工作成果

具體而言，當下屬獲得優異的工作成果，就應該大大誇獎、感謝他。最**重要的關鍵，就是不能有任何顧慮或遲疑**。不必擔心萬一誇獎得太過頭，對方就會驕傲自滿，或是從此開始混水摸魚。當下屬有優異表現時，請盡情地誇獎下屬吧。如果主管不作任何表示，這樣只會讓下屬覺得：「不管表現再好，主管都毫不在意，就像這些績效不存在一樣，既然如此乾脆不要太努力了……」給予正向的回饋，屬下才會越來越有幹勁，世界上有太多「從不誇獎人」的主管，實在相當可惜。

• 當下屬的工作成果普通

請不要認爲「這種成果不算什麼」哪還需要什麼誇獎。我建議所有的主管都不要吝嗇於誇獎屬下，主管的正面評價絕對能爲下屬帶來動力。

更重要的一點是「當場稱讚」，讓下屬明白一直以來你都有在關心他的工作進度與表現。許多男性主管總是不好意思誇獎下屬，認爲讚美對方很彆扭，但不表示賞識的主管，往往會被下屬認爲「是個高標準、嚴苛的人，難以親近」以後就算有想請教的問題或好的建議，恐怕也不敢上呈說明，平白增添誤會，非常可惜。

•當下屬的工作成果差強人意，但過程中已盡力

遇到這種狀況時，請先說聲「辛苦了！」慰勞對方，這是爲了感謝對方付出的努力。儘管我們無法誇獎差強人意的成果，但也請盡量從中找出對方的優點，在這個過程中，下屬一定有表現好的地方，請針對這個部分好好地表示感謝之意，再針對需要改進之處給予建議。

其實下屬也明白結果不如預期，這種時候就算主管對他破口大罵也無濟於事，不如一起想想還有什麼修補的辦法，或將這次的失敗當作累積下次成功的經驗。透過積極聆聽加正向回饋，就能從中找出癥結。

・面對主管或在上位者時

帶有「誇獎」意味的言詞，往往會讓對方覺得：「你以爲你是誰啊？憑什麼誇獎我？」因此可能不太適切。保險起見，只要傳達感謝之意即可。

・面對丈夫・妻子・男朋友・女朋友・朋友・後進等

盡量誇獎、感謝對方，但唯一需要注意的，就是必須避免展現出高高在上的姿態。以表達謝意爲主。

另外，無論站在什麼立場，都絕對不可以在誇獎、感謝之後，又立刻責難對方的缺點。例如：「那件事你做得很好，讓我很驚豔呢。對了，但這件事你怎麼處理成這樣，動作可不可以快一點啊？」

這種表達方式爲什麼不好呢？假如在誇獎對方後又立刻指責對方，會讓對方覺得你的誇獎彷彿只是先打預防針，日後便不會把它當一回事，而正向回饋也就失去效果了。

假如真的有需要強硬表達訴求，建議各位務必隔幾個小時，或隔天早上再告訴對方。

誇獎、感謝對方的關鍵是：

1. 面對下屬時，必須毫不猶豫地立刻誇獎。
2. 拋開「誇獎下屬，下屬就會得寸進尺或驕傲自滿」的想法。
3. 在誇獎、感謝下屬之後，不可隨即又指責對方。必須將兩者完全分開，日後再找機會提醒。
4. 面對主管、在上位者時，只需傳達感謝。
5. 面對丈夫、妻子、男朋友、女朋友、朋友、後進時，必須避免高高在上的姿態，與對方一起高興、感謝對方。

當對方表現不佳，該如何正向建議？

‧若下屬已經盡力，成果卻不如預期

下屬的工作成果不佳時，主管難免會有情緒的波動，但就像先前說的，如果下屬已經盡力，絕對不可以責罵他。請鼓勵對方：「這次成果雖然不如預期，但下次只要這樣做就好。沒事的」。

因爲當事人想必已經對自己失望透頂，我們只需要鼓勵對方卽可。有些人可能覺得只要控制得當，就能完美掩飾自己的怒氣，但我認爲，**想完全隱藏自己的情緒是不可能的**。在生氣的狀態下，無論如何都會展現出傷害對方的詞彙或肢體語言。

各位在犯錯的時候，是不是也曾切身感受過主管的憤怒呢？同樣地，我們的憤怒也是無法隱藏的；而我們的憤怒，會讓下屬感到畏縮膽怯，甚至惱羞成怒，有百害而無一益。

• 若下屬自己犯錯，導致毫無成果

此時此刻，確很難維持冷靜，想必滿腦子都是罵人的話吧。不過，即使在這種情況下，也必須正向地告訴對方：「這樣眞的不行，下次只要更注意一點，一定就能做好。」這並非降低標準，而是一種正向的傳達。

當然在下屬犯錯時，有些主管可能會很想盡情發火，但事實上這樣情緒性的用詞非但無濟於事，還可能深深打擊團隊的運作。因此在這種時候，正向但嚴正的說明，反而更能幫助案子的推進。

• 若下屬半途而廢

身爲主管，除了生氣之外，可能也會感到遺憾，或對自己的任務分配失當感到自責吧。此時一開口，說出的往往都是充滿否定或嘲諷的言詞。即使如此，仍請堅持正向的態度，告訴對方：「這個結果眞的很糟，我本來對你很有信心的，但這樣的結果讓我感到很遺憾，以後我會多協助你，一定會更順利的。」下屬半途而廢，下屬本身固然有問題，但**創造出這種環境、導致下屬產生這種態度的主管，責任更重大**。

針對下屬的正向回饋範例

1. 成果優異時	這太棒了！真是謝謝你！ 	請盡情誇讚，不用擔心對方會不會因此而驕傲自滿
2. 成果不錯或普通時	太好了，謝謝你。你做得很好。 	不用猶豫，也不用想太多，當下稱讚對方。
3. 對方已經盡力，但結果卻不理想時	太遺憾了。不過我知道你已經盡力了。別擔心，沒事的。 	下屬本人已經夠沮喪了，請鼓勵他即可。

4. 因為對方有所疏失，導致毫無成效時	這樣真的不行，你應該小心一些的。不過下次只要更注意一點，一定就能做好。	絕不降低標準，但也絕不斥責。除了斥責，其實還有很多事可以做（如增強技能、改善組織架構等）。
5. 對方半途而廢時	這個結果真的很糟。我本來對你很有信心的，我很遺憾。以後我會多協助你，一定會更順利的。	下屬無法順利交出成果，其實是主管的責任。

當對方表現不好，想正向建議對方怎麼做，關鍵就在於：

1. 對自己發誓，作為一名主管，絕對不可以做出情緒性發言。
2. 當下屬拿不出成果，必須認為一切都是自己的責任。
3. 認知主管的職責，就是幫助下屬獲得成果，讓下屬體驗成功。

4. 自己隨時保持正向積極的態度。
5. 與夥伴分享「在下屬犯錯時，仍做出正向回饋」的經驗。
6. 自己不可能對上司說出的無禮言詞，也絕不對下屬說。

每天給予二十次正向回饋

正向回饋的效果極佳，但實踐的人卻很少。尤其是工作能力強的人、總是比別人加倍努力的人，以及嚴以律己、個性認眞的人，面對下屬時的想法經常是：「你爲什麼不做？」、「你怎麼敢帶著這種表情來見我？」

面對經驗遠比自己少、能力也遠比自己差的下屬時，想給予對方正向回饋，在心理上的確不容易。我也聽過許多人說「我覺得我已經有在做了」。

進行了各種嘗試後，我發現**如果想確實養成正向回饋的習慣，最有效的方**

法，就是下定決心「每天給予他人二十次正向回饋」，每天實踐且確實記錄下來並於當天晚上確認達成率。

至於這二十次正向回饋的分配，我建議**每天在職場給予十五次，回家給予五次**。各位可以在筆記本的角落透過寫「正」字來紀錄。

儘管每個主管負責管理的下屬人數不同，但每天二十次，大部分的管理階層實際上都能達成。不只是在日本，我在印度、越南舉辦增進溝通能力的講座時，也都會請該企業的老闆、經理一起實踐。

頭兩天可能會很辛苦，但幾乎每個人到了第三天、第四天，就都能達到二十次正向回饋的目標。對象也可以包括通勤路上的便利商店店員或車站的站務員等。

想要達到每天給予二十次正向回饋的目標，就必須仔細觀察對方。在執行的過程中，相信各位應該也會體認到一直以來自己是多麼「不注意」身邊的人；你將發現，自己無論是對職場上的夥伴，或是一起生活的家人，過去可能都疏於關心了。

想做到每天給予二十次正向回饋，關鍵就在於：

1. 養成每天毫不猶豫地給予他人二十次正向回饋的習慣。
2. 用「正」字紀錄，確實完成二十次。
3. 每天確實記錄且確認自己每天實踐的次數。
4. 仔細觀察自己接觸的每一個人，找出能給予正向回饋的點。

傳遞出去的正念也會回到自己身上

進行正向回饋時，不但對方會立刻露出開朗的神情，就連自己的心情也會變好。或是說，有種心靈受到洗滌的感覺。

人在看見別人——更具體地說，看見自己接觸的對象變得開朗時，便會感到快樂，心中湧現：「這樣做果然沒錯」、「眞的必須好好表達感謝呢」、「他這次雖然失敗了，但下次一定會更努力吧」等想法。**正向回饋雖是為了對方而做的行為，但事實上，這份正能量也會回到自己身上。**

許多公司平時相當忙碌，職場氣氛緊張；正是在這種狀況下，「每天給予二十次正向回饋」才能發揮更大的效益。努力推廣這個活動，能使正向回饋更加普及，無論接受正向回饋或給予正向回饋的人，都能變得開朗。

想讓自己也變得開朗，關鍵就在於：

1. 徹底實踐每天給予二十次正向回饋。
2. 以自然的態度觀察對方的行為與變化。
3. 看見對方的表情變得開朗時，請發自內心地高興。
4. 在職場上推廣正向回饋。
5. 透過社群網站、部落格等宣傳正向回饋的好處。

正向回饋能使積極聆聽的效果倍增

任何人在接受正向回饋之後，心情都會變好，因爲每天都能感覺到自己是受人重視的。世上沒有軟化不了的人，獲得正向回饋後，人們便會開始信任對方，放下莫名的戒心。

非但如此，假如我們更進一步實踐積極聆聽，認眞聽對方訴說，那麼不論是脾氣多麼古怪、多麼難以取悅的人，都會漸漸產生改變。有些人轉變得很快，但戒心較強的人，通常會觀望一陣子，但也只是時間的問題。

正向回饋能讓積極聆聽效果倍增。

我將積極聆聽稱爲「魔法一」，正向回饋稱爲「魔法二」，兩者都不用花任何費用，又具有卽效性，能同時讓雙方的心情變得開朗，提高追求成長的動機，迅速強化掌握問題、解決問題的能力以及領導能力，因此無論在工作上或私生活中皆不可或缺。

想讓積極聆聽的效果倍增，關鍵就在於：

1. 將積極聆聽與正向回饋視為車子的雙輪。
2. 針對透過積極聆聽問出的部分，進行正向回饋。
3. 藉著正向回饋讓對方稍微敞開心胸後，再透過積極聆聽深入理解。
4. 無論積極聆聽或正向回饋，都應該積極推廣，廣納夥伴，使其相輔相成，達到正向循環。

理解．實踐檢核表

- □ 只要看見一點點成果，就毫不遲疑地誇讚、感謝對方。
- □ 每天實踐二十次正向回饋，並以「正」字紀錄。
- □ 在公司實踐十五次，在家裡實踐五次，有規律地持續下去
- □ 當結果不盡理想，告訴對方：「這次雖然失敗了，只要這樣做，下次就能改善」。
- □ 當對方偷懶時，告訴對方：「這次很遺憾，不過相信你下次一定會更順利」。

A4筆記術的主題範例

- 如何毫不遲疑、大方地誇獎他人？
- 如何養成每天給予二十次正向回饋的習慣？
- 如何消除「誇獎對方，對方就會得寸進尺、驕傲自滿」的想法？
- 當對方失敗時，如何保持正向，而非破口大罵？
- 當對方偷懶時，如何說出「沒關係，再加油」？

如何學會正向回饋

1. 我在什麼狀況下不能好好給予正向回饋？

2. 我在什麼狀況下可以順利地給予正向回饋？

3. 要怎樣才能每天給予二十次正向回饋？

4. 身邊有沒有擅長正向回饋的人？
他爲什麼能做得很好？

CHAPTER 11

打造積極聆聽的環境，創造正循環

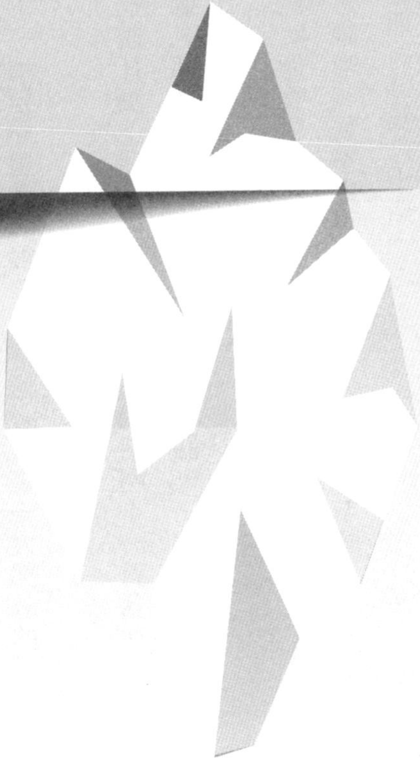

坐而言不如起而行

如果平時就認眞實踐積極聆聽，並感受到它的效果，自然會想在公司內部或客戶之間推廣。因爲當你看見有人因爲不懂得積極聆聽而冷若冰霜、有人因爲不聽人說話而失敗，或頻頻抱怨，你將感到惋惜。

不過，就算你告訴對方：「積極聆聽眞的很棒，請務必實踐」大部分的人可能也無法理解。

當對方回應：「啊？你在說什麼？我一直都在聽別人說話啊！」對話往往便無法繼續下去。因爲每個人都認爲自己「有在聽別人說話」。此外，會質疑「聽下屬的話要幹嘛？」的主管，應該也不在少數。

另一方面，若是心思細膩、能察覺他人細微變化的人，也許已經發現了你的改變，而感到有些不可思議吧。說不定對方正想著：「他是怎麼了？最近好像變得很仔細聽別人說話耶，感覺眞不錯」。

上述的人，在了解積極聆聽之後，便會立刻恍然大悟：「原來他的改變是因爲這樣啊！」

只不過，在面對觀察力較不敏銳的人時，請不要試圖說服他，而是必須持續實踐積極聆聽，直到對方自己察覺。因爲透過言語的說明，反而容易引起對方的反彈，使對方覺得：「你有什麼資格對我說這種話」。我想，即使對方反彈不大，也不可能眞正理解積極聆聽的意義，並認眞採取行動吧。

因此，**重要的是持續實踐積極聆聽，號召更多夥伴**，而非只是空口說白話。任何人接受了積極聆聽，都會更樂意侃侃而談。只要這種經驗持續累積，不久的將來，對方便會開始表示：「謝謝你總是聽我說話」、「跟你在一起的時候，我好像都會說比較多耶，眞是奇妙」。

到了這個時候，我們才可以告訴對方：「其實有一種技巧叫做『積極聆聽』，就是從頭到尾認眞聽對方說話，有疑問就立刻發問而已」。

如果能循序漸進地走到這一步，對方就不會覺得「明明就沒什麼，還講得一副很了不起的樣子」，而是「原來如此，眞的是這樣耶。當對方認眞聽

有活力。

我認爲，**積極聆聽的效果比任何人事制度改革、組織改革都來得快速又顯著，並能確實帶來改變**。

唯一需要克服的課題，就是必須請老闆暫時忍耐一下爲了自我滿足而滔滔不絕的習慣。請各位展現出身爲一名公司領導者的決心。

身爲經營者，首先必須明確宣示公司的願景、經營策略、組織文化與架構以及目標等等，接著只要專心聽下屬、客戶說話，也就是徹底實踐積極聆聽即可。

想自然地推廣積極聆聽，關鍵就在於：

1. 身體力行積極聆聽，而非只是口頭上說說。
2. 若有人對積極聆聽感興趣，即可向對方說明。
3. 當夥伴增加後，可彼此分享最佳實作典範，加速推廣。
4. 若主管或老闆對積極聆聽感興趣，便在能力範圍內盡量推薦。

5. 對積極聆聽感興趣的老闆應親身率先示範，以加速推廣。

實施角色扮演活動

若能以「增進溝通能力工作坊」的名義，在自己公司或客戶公司實施如第九章介紹的角色扮演活動，便能有效而迅速地推廣積極聆聽。

請與會者分成三人一組，進行角色扮演，便可炒熱氣氛，讓全場在歡笑中體驗。大家會明白：

「原來接受積極聆聽時，說起話來這麼愉快啊！」

「要是對方展現出這種態度，當然很難開口啊。」

「原來在這裡稍微等一下，狀況就不同了啊。我以前都會立刻自己接著講呢。」

「角色扮演三分鐘、回饋二分鐘」×三輪，一共只需十五分鐘，就可以結束一次角色扮演活動；就算換個主題再進行一次，也只需三十分鐘。

我在印度和日本，都曾多次針對三百人同時實施角色扮演活動。一組三人，也就是一百組同時進行角色扮演。每次進行這個活動，都會讓會場充滿歡笑，與會者的情緒也愈來愈高昂，並互相影響，形成一個良性循環。

實施角色扮演活動的關鍵，就在於：

1. 當職場同事感興趣的程度到達某個標準，便可舉辦「增進溝通能力工作坊」。
2. 盡量營造輕鬆愉快、充滿歡笑的氣氛。
3. 使用麥克風主持活動，讓大家都能聽清楚，一起行動。
4. 通常會立刻發現幾位擅長積極聆聽的人，可請他們分享最佳實作典範。

善用靈感筆記

在公司內部或客戶公司舉辦「增進溝通能力工作坊」時，亦可善用靈感筆記。**所謂的靈感筆記，是利用三分鐘在一張紙上寫下靈感筆記，再各花一分鐘向坐在兩旁的人說明，也就是一共說明二分鐘。**

靈感筆記可以從與角色扮演不同的角度，來幫助人們緩解對積極聆聽的抗拒感。以積極聆聽爲例，我們可以訂出：

「什麼時候無法做到積極聆聽？」

「什麼時候可以做到積極聆聽？」

「未來要怎麼讓自己順利做到積極聆聽？」

以三張為一組，寫下靈感筆記，便能清楚掌握自己過去下意識做了什麼以及沒做什麼，藉此提醒自己更有意識地實踐積極聆聽。

與會者和不同的人兩兩一組，分別互相說明每一張靈感筆記的內容，藉此理解人與人的差異。我們會發現，有些自己可以做到的事情，別人卻因爲某些因素而做不到；有些自己做不到的事情，別人卻能輕鬆做到。如此一來，我們便能更深入地認識積極聆聽，心情也會變得更輕鬆。

進行靈感筆記的時間爲「寫下靈感筆記三分鐘、說明二分鐘」×三組，和角色扮演一樣，只需十五分鐘就能完成，並且帶給我們許多啟發。

若是三十人左右的工作坊，可在實施靈感筆記後，請所有與會者用一句話分享「今天的新發現或感想」，加深與會者的理解。亦可視情況請與會者分享最佳實作典範或失敗經驗，讓討論更熱烈。

假如人數更多，則可以隨機挑幾排，請坐在同一排的與會者依序發表感想，亦能達到分享的目的。

與會者一般都坐在座位上，若請發言者站起來拿著麥克風說話，便能吸引大家的注意力，也能讓大家清楚知道是誰在說話。麥克風的另一個作用，是為了讓每個人都能聽清楚，畢竟並不是每個人聲音都很宏亮。

靈感筆記的優點，是透過寫下靈感筆記、互相說明，使**參加者產生團體認同感，進而更有動力一起努力、一起成長**。

想靈活運用靈感筆記，關鍵就在於：

1. 使用「什麼時候無法做到○○？」、「什麼時候可以做到○○？」、「未來要怎麼讓自己順利做到○○？」等三張（一組靈感筆記）筆記，回顧過去，並思考未來的行動。
2. 參考其他人的經驗與想法，增廣見識。
3. 在工作坊的最後，請與會者一人分享一句「今天的新發現或感想」。
4. 視情況決定適合的靈感筆記主題。

靈感筆記的進行方式

如何改善人際關係

1. 我現在和誰的關係不好？

–
–
–
–
–

2. 我們的關係為什麼會變得不好？從什麼時候開始的？

–
–
–
–
–

3. 哪些部分還有改善的空間？

–
–
–
–
–

4. 接下來的2個星期，我可以繼續付出哪些努力？

–
–
–
–
–

製造分享成功經驗的機會

只要認眞實踐積極聆聽，立刻就能看見效果——因爲對方會變得朝氣蓬勃，帶著輕鬆的心情侃侃而談。相較於對方以往不擅表達的狀態，這樣的改變令人欣喜無比，高興得想要大肆宣揚。

因此，**若能打造一個可以彼此分享成功經驗的場合，便能讓人愉快地繼續堅持實踐積極聆聽**。分享的對象，以職位相近的工作夥伴爲佳。例如可以舉辦一場「新任課長積極聆聽講座」，請每個人分享五分鐘，或是在晨會上請每個人分享二分鐘等等。

分享的主題可以很簡單，例如：

- 實踐積極聆聽之後，出現了哪些改變？
- 有什麼新發現？

- 有什麼感覺？
- 未來要怎麼繼續實踐積極聆聽？

除了自己公司之外，若能透過朋友將成功經驗分享到其他公司，便能吸引更多夥伴。積極聆聽的成功或失敗經驗並非商業機密，因此比較方便與外部分享，彼此學習。

想製造分享成功經驗的機會，關鍵就在於：

1. 收集因為實踐積極聆聽而使事物有所改善的成功經驗。
2. 隨著立場的不同，進行方式和技巧也都會有所不同，因此必須妥善分組，以利交流。
3. 適時請參與者分享最佳實作典範。
4. 內向者更擅長積極聆聽，不妨鼓勵他們分享或私下向他們請益。

每個人花三分鐘
寫下1張靈感筆記

⇩

和附近的人兩兩一組，說明
靈感筆記的內容（二分鐘）

⇩

一組（三分鐘＋二分鐘）×三輪 共進行三組（共十五分鐘）

理解．實踐檢核表

- □ 實際採取行動，在公司內外具體實踐積極聆聽。
- □ 號召順利實踐積極聆聽的夥伴。
- □ 以擅長積極聆聽的人爲核心，與他人分享技巧。
- □ 在公司內外介紹積極聆聽，幫助大家拓展視野。
- □ 在公司內外創造分享成功經驗的機會，形成良性循環。

A4筆記術的主題範例

- 如何讓人在看見範例之後，也願意善用積極聆聽？
- 如何創造由積極聆聽帶來的良性循環？
- 如何擴展由積極聆聽帶來的良性循環？
- 哪些人對積極聆聽感到抗拒？該怎麼解決？
- 如何在公司內外讓更多人願意寫靈感筆記？

如何推廣積極聆聽

1. 如何讓更多人看見成功典範？

2. 如何迅速獲得認同積極聆聽的夥伴？

3. 哪些人會產生抗拒？如何使他們改變？

4. 如何增加實踐積極聆聽的夥伴？

CHAPTER 12

遠距工作型態，也可以積極聆聽！

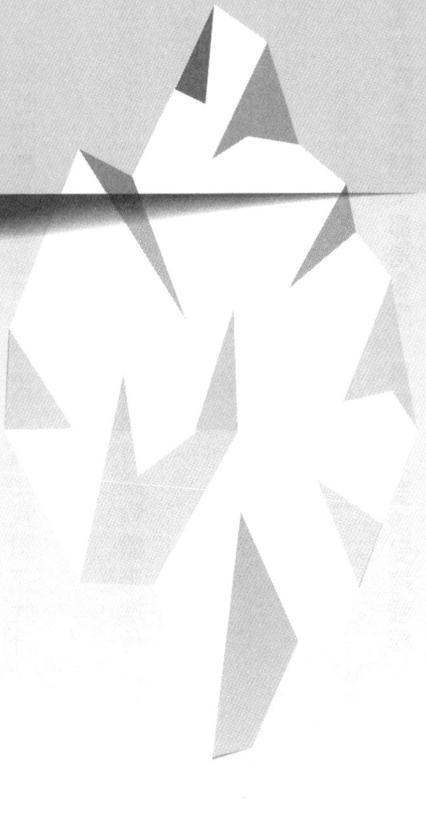

與面對面時並無差異

受到新型冠狀病毒（COVID-19）疫情影響，遠距工作型態已十分普及。體會到遠距工作的好處後，儘管各國政府解除了「非必要盡量減少外出」的呼籲，仍有不少公司繼續採取遠距工作模式。我過去在協助印度、越南、新加坡等國的企業時，大概有一半的時間都是透過遠距方式，因此我想在此分享自己的經驗。

遠距工作時，一般會透過Zoom、Teams、Skype等視訊會議軟體來進行溝通。此時，積極聆聽會是什麼狀況呢？該怎麼實踐呢？

其實與平常完全無異。只要打開攝影機，便能清楚看見對方的表情，因此只要像平時一樣自然地對話即可。

長期派駐外地或國外的人，工作模式本來就是以視訊會議爲主。

老是想著遠距模式很困難或有許多限制，都是多慮，事實上只要接受這種模

式，徹底實踐即可。抱著這樣的心態才能更快熟悉，各種巧思與創意也會隨之萌生。

少了通勤等時間上的制約，有時視訊會議會在深夜舉行；而在這種比較放鬆的狀況下，或許更容易說出眞心話。這是在公司上班時不可能出現的狀況，因此可說是遠距工作的優勢。各位可以視情況調整。

想保持與面對面時一樣的狀況，關鍵就在於：

1. 理解線上會議和實體會議並沒有不同，並習慣它。
2. 確保工作場所的網路夠快。
3. 為了聽清楚發言，除了發言者之外，其他人都必須保持靜音（關掉麥克風）。
4. 事前將會議的目的、議題等寄送給與會者。

使用視訊與否

進行線上會議時，有時會使用視訊設備，有時則否。

每次開會的狀況都不同，各家公司的方針也不同，但**從積極聆聽的觀點來看，使用視訊才能看見對方的表情，使對話更為順暢**，也會提升大家的聚焦度。

唯一的缺點，就是明明身在家中或飯店，卻不能打扮得輕鬆自在；這一點女性也許會更在意。不過，即使線上會議的時間不長，規定自己穿著正式裝扮，增加儀式感又能集中精神，我認爲是好事。

當然使用視訊會議也有例外。假如是討論複雜嚴肅的議題，或是必須談到自己的傷痛而可能會落淚時，或許關閉攝影鏡頭，對方才能毫無顧忌地表達自己的情緒。

善用視訊設備的關鍵，就在於：

1. 安排開會時間時，盡量以使用視訊設備為前提。
2. 若要使用視訊設備，則須穿著正式服裝。
3. 確保網路環境快速通暢。
4. 說話時若注視鏡頭，看起來就像直視對方的雙眼（必須花時間習慣）。

拿捏適當的間隔

線上會議**最難的地方，就是間隔的拿捏**。面對面開會時，我們可以透過表情或細微的肢體動作來判斷誰正準備開口說話，自然地互相禮讓。

然而在線上會議中很難看出上述肢體語言，因此與會者想說話的時候，只能直接開口，導致經常出現多人同時說話的狀況。此時固然只要讓對方先說就好，但總難免出現不自然的空檔，或是莫名的歉疚感。

線上會議必須注意的禮節，包括：

1. 發言必須簡短。
2. 與會人數較多時，發言前先說自己的名字。
3. 在最後加上一句「以上就是我的意見」，讓與會者知道你已發言完畢。
4. 由主持人／引導者設定議題、鼓勵與會者發言，使會議順利進行。

只要做到上述幾點，便能專注於別人的發言，充分實踐積極聆聽。請在適度拿捏間隔的前提下，積極發問。**正因為看不見彼此的臉，倘若太過客氣，便容易遭到忽略**。

在下一場會議之前空出三十分鐘

我認爲線上會議其實比實體會議還要累，因爲我們必須集中精神凝視眼前的小小畫面、集中精神聽懂那不太清晰的聲音，並做出適切的反應。假如與會者在網路不穩定的環境下連線，聲音很可能會斷斷續續或發言時頻繁出現雜音，光是要聽懂對方在說什麼，就要花很多心力。

因此，**想維持高效的線上會議，關鍵就在於如何避免疲勞，以及如何維持專注力**。

安排線上會議時，因爲少了通車移動的時間，甚至可能不需要移動座位，不少人會想安插比實體會議更短的休息時間。但會議本身其實就是一件很耗費心力的事情，因此我仍建議，兩場會議間至少相隔三十分鐘以上較爲洽當。以三十分鐘爲一個緩衝，利用這段時間稍作休整，也能轉換心境或準備下一場會議的資訊，在最佳的狀態下推進議程。

另外與實體會議一樣，希望大家能避免花太多時間在沒必要的會議上，如果日常有善用積極聆聽，應該能省下很多互相推敲確認的時間，即使是有事情需要在會議上討論，往往也能快速切入核心。畢竟如果一天到晚都在開會，實際的工作也將很難有所進展。

會議結束後，立刻寄出電子郵件確認

線上會議無法像實體會議一般，能隨時將討論結果寫在白板上，與全體與會者共享。有時雖然可以將結論寫在畫面的一角，只是字通常太小，不易閱讀。

若分享螢幕畫面，固然可以把字寫得大一些，但使用電腦的手寫功能畢竟不如白板順暢，也無法快速畫圖。

因此，我建議各位**在會議結束後立即寄出電子郵件，以便確認內容與結**

論。儘管積極聆聽可以如常實踐，但會議中提出的問題與接下來的行動等，若能整理成電子郵件，必定會比單憑記憶來得保險許多。

會議結束後，立刻寄出電子郵件確認的關鍵，就在於：

1. 養成逐字記錄的習慣，即使是線上會議也要將過程記錄下來，尤其是關鍵數字更為重要。
2. 會議結束後，確認筆記的內容，整理成條列式的簡易會議記錄。
3. 盡量在會議結束後十五分鐘內寄給所有與會者。
4. 將積極聆聽的結果整理成會議記錄，避免日後印象模糊。

理解．實踐檢核表

- ☐ 即使採取遠距工作模式，只要使用視訊功能，也能看著對方說話，照常實踐積極聆聽。
- ☐ 在遠距工作中，發言結束時必須表明，以避免多人同時發言。
- ☐ 建議在會議之間安插三十分鐘以上的空檔。
- ☐ 會議結束後立刻寄出電子郵件，以利確認內容並確實執行。

A4筆記術的主題範例

- 如何在遠距工作模式下如常實踐積極聆聽？
- 遠距工作時，如何透過視訊鏡頭盡可能掌握對方的情緒？
- 遠距工作時，如何確保每個人都確實發言並構成對話？
- 遠距工作時，如何避免產能降低？
- 遠距工作時，如何避免執行成效變差？

如何在遠距工作模式下實踐積極聆聽

1. 如何在遠距工作模式下順利實踐積極聆聽？

2. 在遠距工作模式下，若能看清楚對方的表情，會有什麼瓶頸嗎？

3. 哪些部分因爲遠距工作反而更好？

4. 遠距工作時，會特別注意哪些地方？

CHAPTER 13

積極聆聽後，主動關心後續發展

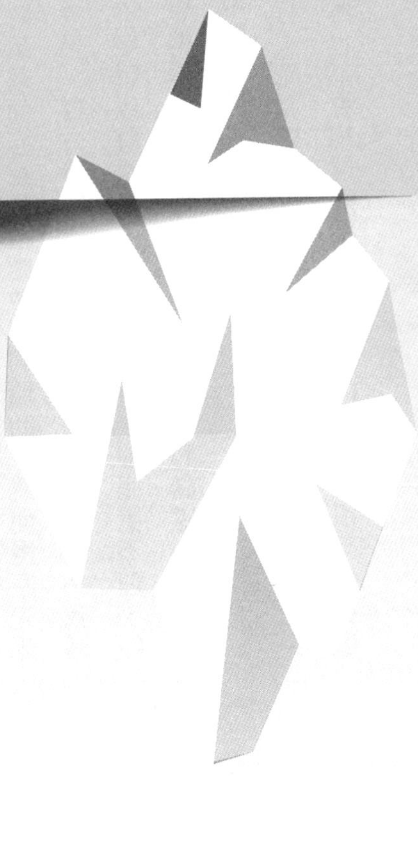

擱置不理恐成反效果

假設我們已經徹底做到積極聆聽，使對方對我們產生信任感，什麼事情都願意與我們分享。我們也已經確實掌握問題所在，了解造成此問題的背景以及問題的結構，並清楚應該如何解決。

然而，卻因爲太忙或一時疏忽而忘記後續應做到的協助，將使得原先想拉近關係的積極聆聽收成反效果。對方特地對我們敞開心胸，認爲：「我終於勇敢說出一切了，問題說不定可以解決了！」但我們事後卻擱置不理，即使是無心之過，也會讓對方覺得空歡喜一場，甚至對說出眞心話感到後悔，也許從此再也不願意向我們敞開心胸。

「本來以爲這是第一次有人認眞聽我說話、第一次覺得有希望，沒想到全都只是嘴上說說而已。我再也不會相信那種傢伙了」——對方很可能會這麼想。

正因為成功實踐了積極聆聽，才更應該避免「聽完之後就擱置不理」。實踐積極聆聽的人，很容易因爲「自己已經認眞聽了，也提了問題，平常不太願意開口的人也說了這麼多」，而產生「事情已經圓滿解決」的錯覺，請特別留意。

在我們爲對方願意向我們傾訴而感到欣喜的同時，對方的心情其實是期待又忐忑的。對方不可能忘記自己首次對他人敞開心扉的不安感，原先期待可以改善現況，卻在漫長等待的過程中逐漸失去耐心與信賴。

想避免聽完後擱置不理而失去對方的信任，訣竅就在於：

1. 透過積極聆聽得知的內容，一定要做筆記。
2. 寄電子郵件給自己，註明在什麼期限內必須採取哪些行動。
3. 建立以日期和期限為名的資料夾，將相關筆記存在同一個資料夾裡。
4. 對方通常會非常在意，因此請如實記錄對方的語氣，以避免誤會或讓對方覺得遭到背叛。

完成積極聆聽之後，最重要的就是必須誠懇地繼續協助對方。因爲大多時候，**對方都是赤裸裸地表達出自己的心聲，因此對我們接下來的態度格外敏感**。

所謂誠心誠意，代表我們感謝對方的坦誠相待，同時展現出我們在釐清問題後，一定會認真解決的態度，更是作爲一個人應具備的誠信。

唯有做到這一點，才稱得上是一個「願意認真聽別人說話、值得打從心底信賴的人」。想誠心誠意地繼續提供協助，關鍵就在於：

1. 若無法即時應對，也必須立刻告訴對方。
2. 若沒有做好後續的協助工作，對方會非常受傷，因此必須立刻與對方碰面，繼續提供支援。
3. 在過程中巧妙地控制期待，避免對方產生過度期待，不過也不要縱容對方。

不輕易做出承諾

在聽對方傾訴的過程中，常會發現許多無法立即解決的問題。此時，絕對不可以輕易做出承諾。在當下的氛圍裡，許多人可能會輕率地給予承諾，然而一旦如此，事後將難以收拾。

所謂的輕易做出承諾，就是明明不確定自己是否做得到，卻給對方一個「彷彿可以做到」的答案，或是讓對方產生「可以做到」的印象。例如，明明沒有獲得主管同意，便不可能變更業務內容或進行人事調動；明明在公司目前方針的優先順序下，或在技術上無法立刻做到，卻開了空頭支票。

這種不負責任的態度，就像先讓對方滿懷期待，又立刻將他推落谷底一樣，不但會讓對方大失所望，更會一口氣打壞自己在對方心中的形象。

對方很可能再也不願意跟我們說話了吧。

這並不是什麼需要特別注意或困難的事情，只要謹記「**絕不輕易做出自己**

做不到的承諾」即可。不論有沒有進行積極聆聽，敷衍了事的心態絕對不會帶來好結果。

想避免輕易做出承諾，關鍵就在於：

1. 在解決問題的時程確定之前，絕不給對方承諾，只需表示「會盡力尋找解決方案」。
2. 盡快展開討論，或督促討論加速進行。
3. 有時討論會在中途停頓，此時必須負起責任，持續追蹤，直到有結論。
4. 掌握確定的結論後，再回答當事人。

「認真聽」是值得的

世上有許多可以解決的問題，同時也有許多一時半刻之間無法解決的問題。有時儘管對方提出抱怨，也不代表對方希望獲得解決。

在職場上，若問題出在主管或老闆本身的能力，或某位接下不適任職位的同事身上，對方自己一定也心知肚明：儘管知道問題在哪，但自己再怎麼思考也不可能有答案。

即使如此，**假如有人能同理自己的痛苦、陪自己一起思考，便值得欣慰**。因爲光是有人認眞聽自己說話，心靈就能獲得慰藉。

因此，不論有沒有解決方案，都不能抱有「反正也沒辦法解決，講了也沒用」的心態，重要的是認眞聽對方訴說。光是做到這一點，對方心中可能就會湧起希望，有勇氣向前跨出一步，做出不同於以往的努力，形成一種良性循環。「認眞聽」的關鍵就在於：

1. 認真聽對方說話，不要先入為主地認為「聽對方抱怨也沒有用」。
2. 覺得事情可能無法解決時，更必須認真聽。
3. 在積極聆聽中，如果對方願意往前跨出一步，可從背後推他一把。

理解．實踐檢核表

- □ 完成積極聆聽後，必須有意識地持續追蹤後續發展。
- □ 帶著誠意持續提供協助，尤其重要。
- □ 絕對不可以為了敷衍而輕易給予承諾。
- □ 進行積極聆聽時，必須特別認真。
- □ 掌握結論後，必須立即告知對方。

A4筆記術的主題範例

- 如何避免完成積極聆聽後便擱置不理？
- 何謂誠心誠意？我是否總是誠心誠意待人？
- 在什麼狀況下難以持續抱有誠意？
- 如何認真聽對方說話？
- 我是否確實回報對方追蹤後的結果？在什麼狀況下沒有做到？

如何在完成積極聆聽後持續追蹤後續發展

1. 是否在積極聆聽後妥善處理問題？

2. 對於對方的信任，我是否有給予相應的回應？

3. 有沒有在能力範圍內做出承諾？

4. 對於不該承接的要求，是否有即時拒絕或設定界線？

後記

實踐「積極聆聽」，讓好事發生！

積極聆聽的利他利己

感謝各位讀到這裡。只要學會積極聆聽，朋友自然會增加——因爲你將成爲最棒的聽衆，身邊的人也會習慣找你商量事情。

扮演聽衆的角色，通常必須背負許多責任，因此許多人可能並不樂意；事實上，想必也有不少人眞的在傾聽的過程中遇到了一些麻煩。

不過我的看法正好相反。光是聽對方說話，並且**搭配積極聆聽，提出適切的問題，許多人就會因此而看見希望，心情變得輕鬆，有勇氣往前踏出一步**。

假如只花一點點時間，就能讓身邊的人放下心中的重擔，並且讓原本糾結的關係轉爲正向，不是一件非常美好的事嗎？

倘若各位的態度是「我才不想浪費時間聽那種人講話」，那麼請退一百步，當作被我騙了，試著仔細聽對方說話。透過積極聆聽，或許有機會能解開你與他人的心結，說不定未來對方還可能成為你珍貴的夥伴。

想透過積極聆聽帶來更多夥伴，關鍵就在於：

1. 對身邊的人實踐積極聆聽。
2. 即使對對方抱有反感，也試著退一百步，實踐積極聆聽。
3. 聽對方說完後，不但能加深理解，對方更會感到欣喜，心靈獲得救贖。
4. 拋開成見，盡量與對方溝通。

讓身邊充滿好人與貴人

任誰都有一、兩個討厭的對象，有時甚至更多。我們通常一點都不想跟對方說話，而對方應該也是一樣。不過，若要說對方是否眞的是「敵人」，倒也未必；很多時候雙方之所以處於敵對狀態，只是因為一些小誤會。

例如，激烈爭奪課長職位的兩人、喜歡上同一個對象的兩人，或是以前曾經吃過虧的人等等；這些狀況大多肇因於某種惡性循環，無可奈何。

若是如此，請各位就當作被騙，試著聽聽看這個你長期視爲「敵人」的對象想說的話。多年來的不愉快很可能就此煙消雲散，讓彼此心情變好，壓力也會明顯減輕。

有些人會因爲我們聽他說話，而擺出高姿態，覺得我們「認輸了」。這種人通常個性卑劣，高傲自大。

面對這種人，我們當然沒有必要委屈自己繼續實踐積極聆聽。從作爲一個人應有的素養來看，我們可以判斷此人還無法適用積極聆聽，請斷然放棄。也許現在對彼此來說都還不適合，日後或許還有其他機會。

想透過積極聆聽化敵爲友，關鍵就在於：

1. 一切可能只是誤會，就當作被我騙，請試著積極聆聽。
2. 若一次積極聆聽沒有用，請繼續嘗試兩次、三次。

3. 假如對方的印象變得和以往不同，表示有機會。請繼續實踐積極聆聽。

4. 實踐積極聆聽後，假如對方展現出自以為勝利的態度，則可暫時停止。

積極聆聽開展你的格局

讀到這裡，各位是否已經了解了呢？只要努力實踐積極聆聽，便能有顯著的成長。我們可以看清問題的本質，甚至自然而然想出解決方案；與人相處得更融洽，再也不會累積無謂的壓力。

每個人都有聰明的頭腦，然而倘若缺乏自信或畏縮膽怯，便無法徹底發揮。若能持續每天撰寫Ａ４筆記，即可獲得大幅改善；此方法至今已有數十萬人實踐。

Ａ４筆記術可以消除我們內心的疑慮，使思路更靈活；**如果再搭配實踐積極聆聽**，人際關係便會有明顯的改善，也會更有能力領導一個團隊或組織，持續成長。

持續聽人抒發，幫助對方卸下心中的重擔，可以確實地提升自己身爲一個人的素養，因爲我們可以用更客觀的角度來審視自己的煩惱。只要懂得站在客觀的立場思考，便能以超然的態度，理解每個人都是獨一無二的、明白世上存在著各種價值觀，而價值觀本身並沒有對錯之分。

如此一來，我們**將會變得更寬容，對多元價值有更深的理解，這也表示自己身為人的素養逐漸提升**。

想透過積極聆聽有所成長，關鍵就在於：

1. 即使不習慣，也要努力實踐積極聆聽。
2. 尋找一起實踐積極聆聽的夥伴。
3. 一有收穫，便立刻與夥伴分享。
4. 樂意聽別人訴說煩惱。

將幸運變成你的能力

學會積極聆聽後，周遭的氣氛將會變得更愉快。無論是畏縮膽怯、喪失自信，甚至是覺得人生至今都不快樂的人，都會漸漸改變。

不管在職場上或家庭裡，都會更常聽見笑聲。在這種愉快的氛圍下，團隊內部的溝通勢必會更順暢，使每個人更能發揮實力，減少失敗的機率。

如此一來，自然而然會形成良性循環，陸續帶來更好的結果。

無須獨自垮著一張臉。無論遇到什麼樣的難題、面臨多麼嚴峻的狀況，始終帶著嚴肅的表情，問題也不一定會解決。

狀況愈是棘手，就愈是應該放鬆心情，實踐積極聆聽，好讓自己和身邊的人都能盡情發揮實力，如此一來，笑容便會愈來愈多。

透過積極聆聽獲得開朗的笑容將能改變：

1. 利用積極聆聽讓畏縮怯懦、沒有自信的人也變得開朗。

2. 讓職場和家裡的笑聲增加。
3. 團隊內部的溝通變得更順暢。
4. 放鬆心情，享受上述的一切。

接收積極聆聽的指引

只要實踐積極聆聽，可以說一切的問題都能迎刃而解。我想世界上可能沒有人像我一樣如此斷言「聆聽」的效果，不過我相信讀完這本書的各位一定能理解。

對我而言，過去在協助企業進行經營管理改革，或支援新創企業的時候，聽客戶或團隊說話，可謂工作上的第一步。

當初只是爲了掌握狀況而「聽」，然而漸漸地，我發現對方需要的不只如此。換言之，聽人說話是理所當然的，但仍欠缺一些什麼。

在認眞聽對方說話的同時，適度提出問題，**不但可以幫助我們掌握具體的**

問題，更能看清問題的本質和結構。

令人訝異的是，當我看清問題的本質和結構的同時，**解決該問題的答案也自動在腦海中浮現**。

人類似乎具備一種力量：當我們掌握了問題的本質與結構，解決方案就會自然湧現。在靈光一閃時，我們的思考過程可能會是：「原來如此，我總算明白了。等一下，這麼說來，事情不就是這樣嗎？」之後再向對方確認，便能找出解決方案。

「解決問題」和「溝通」常被視為兩件獨立的事情，但我認為它們其實是互為表裡的。

人說解決問題是「硬能力（Hard Skills）」，溝通是「軟能力（Soft Skills）」，然而只要熟練積極聆聽，便能察覺兩者事實上息息相關。

想透過積極聆聽能解決所有問題，關鍵就在於：

1. 首先理解問題是什麼。

2. 掌握問題的本質與結構。
3. 在過程中不斷提問，修正假設。
4. 看清問題後，就能找出解決方案，並思考是否可行。

讀完本書後，若有任何感想或問題，歡迎來信（akaba@b-t-partners.com），我會立刻回覆。

想認真實踐積極聆聽的讀者，或是嘗試後卻不太順利的讀者，都請不用客氣，隨時歡迎來信。

若能盡量詳細寫出您是在什麼狀況下、做了什麼事、結果如何、哪個部分比較順利、哪個部分比較不順利，我便能更確切地回覆。

積極聆聽並不難，只要掌握訣竅和技巧，任誰都做得到（只不過很少有人對我這麼做）。只要開始，很快就能看到成果，可說遠比學騎腳踏車還要簡單。若各位不認同此說法，請務必來信。

我認爲，只要一個人學會積極聆聽，他身邊至少就有五個人能變得更快樂。如果這些人至少再讓身邊的五個人更快樂，轉眼間，將有好幾萬、好幾十萬人開始實踐積極聆聽，並且變得更快樂。

爲此，請各位務必習慣積極聆聽。假如您實踐了積極聆聽，卻覺得效果不彰，我非常樂意與您討論。

二〇二〇年八月　赤羽雄二

國家圖書館出版品預行編目(CIP)資料

聽比說更重要：比「說」更有力量的高效溝通法 / 赤羽雄二著；周若珍譯. -- 初版. -- 臺北市：遠流出版事業股份有限公司, 2021.12
面；　公分
譯自：自己満足ではない「徹底的に聞く」技術
ISBN 978-957-32-9327-9(平裝)

1.職場成功法　2.人際傳播　3.傾聽

494.35　　110016592

聽比說更重要

比「說」更有力量的高效溝通法

作　者　赤羽雄二
譯　者　周若珍
主　編　盧羿珊
封面設計　葉馥儀
內頁設計　葉若蒂
內文排版　菩薩蠻電腦科技有限公司

發 行 人　王榮文
出版發行　遠流出版事業股份有限公司
104台北市中山區中山北路一段11號13樓
電話（02）2571-0297
傳真（02）2571-0197
郵撥 0189456-1
著作權顧問　蕭雄淋律師

定　價　320元
初版一刷　2021年12月 1 日
初版三刷　2023年 9 月16日

遠流博識網 www.ylib.com E-mail: ylib@ylib.com
遠流粉絲團 www.facebook.com/ylibfans